LES VARIATIONS DARWIN

Jean-François PEYRET
Alain PROCHIANTZ

LES VARIATIONS DARWIN

Odile Jacob

15, rue Soufflot, 75005 Paris

ISBN : 2-7381-1559-4

www.odilejacob.fr

Avertissement

Ce livre se donne pour but de mettre à la disposition des lecteurs et spectateurs les différentes étapes de la fabrication des deux dernières pièces que nous avons signées ensemble : *Des chimères en automne* et *Les Variations Darwin*. Il s'ouvre et se ferme sur des éclaircissements du scientifique et du metteur en scène sur la raison de cette entreprise. Il faut insister sur le fait qu'il ne s'agit pas ici d'une entreprise du type Sciences/Art (« sci-art », comme disent les Anglo-Saxons). Les deux protagonistes creusent chacun son sillon dans le domaine qui est le sien. Pour le scientifique, il s'agit de faire de la science sur un autre tempo que celui du laboratoire et de nourrir sa réflexion de scientifique, à l'opposé du mythe du savant cultivé. Pour le metteur en scène, la question est celle de l'existence d'un théâtre qui « réagisse » à son temps. Ce qui fait se rejoindre ces voies parallèles, c'est tout simplement l'amitié et surtout une complicité esthétique.

Entre ces deux « manifestes » qui ouvrent et ferment l'ouvrage, le prologue et l'épilogue, est livré un échantillon de matériaux, les matériaux Darwin, à partir desquels les deux pièces ont été écrites, puis jouées.

Il reste à s'expliquer sur le mode de la fabrication. Comment passer des matériaux à un texte représenté ? Les matériaux présentés ici ne sont qu'une petite fraction de ce qui a été écrit ou glâné ; de même les deux partitions, les textes joués, ne sont que l'état final d'un processus de sélection à partir d'une partition – *partition 0* – produite par le metteur en scène sur la base du matériel de départ. Cette partition se transforme au fil des répétitions, interprétations et improvisations des acteurs, et des entretiens avec divers scientifiques, philosophes, ou autres intervenants sollicités par les auteurs. Le texte final, le sixième ou le septième état de cette évolution, est donc le fruit d'une sélection pas très naturelle. Il s'agit là d'un travail collectif qui engage principalement le metteur en scène et ses acteurs. Le scientifique n'intervient à aucun stade de la fabrication pendant les répétitions, si ce n'est pour alimenter la conversation, ou pour réécrire certains passages, ou en introduire de nouveaux. D'une certaine façon, il est entendu que, dès que le travail de plateau commence, l'objet lui échappe pour mener sa propre vie. S'il signe le texte final et les pièces, ce n'est pas parce qu'il serait devenu auteur, mais parce qu'il a participé à la fabrication de l'objet et qu'il s'engage au côté du metteur en scène pour en assumer pleinement, la forme et le contenu.

Il demeure vrai qu'au regard du théâtre, le texte a ici un statut particulier. La tradition veut que le texte précède la représentation, du moins la mise en scène, que le texte contienne possiblement toutes ses représentations ou que celles-ci l'actualisent. Un texte est écrit, et le travail du théâtre est de le mettre dans l'espace, de le représenter devant un public, ici et maintenant. Dans notre « creativ method », les facteurs sont inversés. C'est le théâtre (la scène, les comédiens et tout le dispositif artistique et technique) qui écrit le texte dans le mouvement des répétitions. C'est dire aussi l'extrême singularité du texte final, produit par des singularités, à commencer par les comédiens eux-mêmes. D'autres comédiens, et c'était un autre texte. C'est dire que les comédiens ne sont pas utilisés ici pour leur talent d'imitateur, leur habileté à « traiter » le texte, un texte qui existe déjà (incarner un personnage, donner vie à des mots qui sont déjà définitivement fixés par l'auteur), mais comme instruments de recherche et d'invention. S'il y a quelque chose à trouver dans les matériaux proposés, c'est à eux de l'exprimer, au sens où un gène s'exprime. C'est du reste pour souligner l'importance des comédiens que leur nom (prénom) demeure dans les textes présentés ici : question de signature. Respect de l'individuation. Dans ce théâtre, les comédiens sont d'abord eux-mêmes : ils ne jouent pas à être un autre. Ils n'ont pas à faire semblant. Si le comédien n'est pas un autre, il n'en est pas moins altéré par l'expérience, par les mots, les pensées qu'il a à faire passer par son corps. Il fait l'épreuve d'une altérité différente que de coutume, pas de l'ordre de la simulation d'un autre, de l'autre. D'où la gageure : est-ce que ces textes peuvent avoir une existence au-delà de la circonstance qui les a produits ? S'ils sont consignés dans ce livre, c'est qu'ils sont censés être lisibles, c'est-à-dire dignes d'être lus. Sont-ils jouables, c'est-à-dire susceptibles d'être repris par d'autres, d'autres comédiens, d'autres gens de théâtre ? C'est à voir, c'est le cas de le dire. Et si tel n'était pas le cas, serait-ce si grave ? Ils auraient connu le sort de tous les êtres vivants qui, singuliers, uniques ne vivent qu'une seule fois. Ce n'est déjà pas si mal.

(L'ensemble des partitions et des matériaux qui ont servi à la confection de ces spectacles est consultable sur le site de la compagnie : tf2.asso.fr)

PROLOGUE

DARWIN : « J'ai dit que sur un point précis mon esprit a changé au cours des vingt ou trente dernières années. Jusqu'à l'âge de trente ans, ou au-delà, différentes formes de poésie, comme les œuvre de Milton, Gray, Byron, Wordsworth, Coleridge et Shelley, me donnèrent un immense plaisir et même, enfant, à l'école, je prenais un plaisir intense à Shakespeare, en particulier à ses pièces historiques. J'ai aussi mentionné que, dans le temps, la peinture et, encore plus, la musique me donnaient des joies considérables. Mais depuis de nombreuses années je ne supporte plus de lire une ligne de poésie : j'ai récemment essayé de lire du Shakespeare et j'ai trouvé ça ennuyeux jusqu'à la nausée. J'ai pratiquement perdu tôt le goût pour la peinture ou la musique... Cette perte curieuse et lamentable du goût pour les plaisirs esthétiques les plus élevés est très étrange, si l'on considère que les livres historiques ou les biographies et récits de voyage (indépendamment de tout fait scientifique qu'on pourrait y trouver) et les essais de toute sorte continuent de m'intéresser autant que par le passé. Mon cerveau semble être devenu une espèce de machine à produire les idées générales à partir d'un large rassemblement de faits, mais pourquoi cela devait-il s'accompagner de l'atrophie de cette seule partie du cerveau dont dépendent les goûts esthétiques supérieurs, je ne peux le concevoir. Un homme avec un esprit d'un plus haut niveau d'organisation, ou mieux constitué que le mien, n'aurait, je le suppose, pas souffert de cette façon ; et si je devais revivre ma vie, je m'imposerais de lire de la poésie et d'écouter de la musique au moins une fois par semaine ; car peut-être que les parties de mon cerveau ainsi stimulées et qui se sont atrophiées seraient restées actives. La perte de ces goûts est une perte de bonheur, et pourrait bien être nuisible à mon intelligence et, plus probablement, à mon sens moral, par l'affaiblissement de la part émotionnelle de ma nature. » (*Autobiographie*, page 84.)

Écrire de la science, ou autour d'elle : histoire, monographies, réflexions sociologiques, tentatives épistémologiques, polémiques. Voici, peut-être, venu le moment de s'expliquer sur cette activité, placée aujourd'hui dans le cadre de la collaboration – longue de plusieurs années d'amitié – avec Peyret, mais en fait bien plus ancienne. Publique, en tout cas, depuis 1987, année des *Stratégies de l'embryon*, et qui, sous une forme ou une autre, s'est poursuivie sans trop discontinuer. Pas neutres, ces changements de forme, oscillant de l'essai au pastiche en passant par la biographie, ou le journal intime, pour aboutir – provisoirement – à ces *Variations*. Autant de tentatives, ratées, ça rate toujours, dans la recherche d'un mode d'expression en science, distinct de l'article scientifique. Mise en forme de ces ruminations, monologues qui accompagnent les activités mécaniques, marche à pied, *jogging*, fragments de nuits les yeux au plafond.

Pourquoi écrire la science et comment trouver une forme d'écriture contemporaine ? D'emblée une tentative de réponse, ensuite le développement sur ce que je perçois du comment et du pourquoi. J'écris de la science, parce que je sais, d'expérience, que l'écriture en marge de l'activité normale du laboratoire constitue, pour moi en tout cas, une part importante du travail scientifique. Je n'en fais pas une affaire générale, d'autres s'en passent qui sont de remarquables professionnels. Il ne s'agit pas de vulgariser la science, ni de s'expliquer sur ce qu'elle est, son rôle dans la cité, pas seulement en tout cas. Il s'agit de science, tout simplement. Écrire me permet de penser le travail dans l'épaisseur du temps, et de donner aux idées neuves le temps, justement, de se construire. J'ai remarqué que ça marche, et il me semble que les tournants principaux intervenus dans mes préoccupations scientifiques sont toujours – ou presque – nés de l'écriture. En tout cas, c'est l'écriture qui les a accouchés. J'en donnerai quelques exemples plus loin. De nouveau, il y a sans doute d'autres voies pour aboutir au même résultat, à chacun de bricoler avec son idiosyncrasie.

Mais, pour commencer, comment écrire la science au XXIe siècle ? Pas comme Darwin. Darwin fait encore partie des naturalistes du XIXe siècle qui écrivent des livres, à la fois scientifiques et accessibles au grand public. Si l'*Origine des espèces* est tout à fait exemplaire, Darwin n'est pas le seul dans ce cas, ni le dernier. Cette forme d'écriture, liée à un mode de production des connaissances très éloigné de celui, hyperprofessionnalisé, structuré autour du laboratoire, de l'actuelle société scientifique se poursuivra encore quelques années, pour s'éteindre vers la moitié du siècle dernier. Nulle nostalgie ici, simplement la remarque que, pour Darwin, comme pour la plupart des savants biologistes de son époque, l'écriture de longues monographies est une forme normale de travail. Pour rester sur l'exemple de Darwin, ces monographies, aux accents réflexifs et philosophiques, s'appuient sur des observations concrètes, des résultats de questionnaires – distribués aux éleveurs, agriculteurs, horticulteurs –, sur des discussions, aux allures d'interrogatoires, menées à Down – son village – avec des collègues anglais ou étrangers. Haeckel avait fait le voyage, Hooker était pressurisé, et les notes soigneusement rangées dans des pochettes – une pochette par thème – suspendues au mur, et à portée de main du grand homme. Tout cela sans compter la correspondance, moyen quotidien de ratissage de faits qui seront interprétés à l'aune de la nouvelle théorie.

Ça, c'est fini. Peut-on alors écrire comme beaucoup d'essayistes contemporains, persuadés de leur mission : rendre la science accessible à l'« honnête homme » ? Il s'agirait alors d'une activité annexe, l'activité scientifique réelle consistant à publier de courts articles très techniques et des revues plus générales, pour faire le point ou, plus rarement, pour proposer une hypothèse, mais toujours adressées aux collègues de la discipline. Ces essayistes, véritables militants de la connaissance, je me considère aussi comme l'un d'eux, s'y prennent parfois de façon remarquable. Peut-être, d'ailleurs, parce que cette activité sert une autre fonction, ou cache un autre besoin. Ils se font un point d'honneur de ne laisser aucun mot inexpliqué, quitte à faire passer au deuxième plan, c'est inévitable, la poésie du mot, et le rêve qui s'y attache, « noyau du tractus solitaire », mélancolie d'une structure cérébrale.

Il s'agit, pour l'essayiste vulgarisateur, objectif affiché, de rendre accessibles les nouveautés de la science et de le faire avec efficacité. On peut, je crois, même pour la simple activité de vulgarisation, et on verra que l'activité d'écriture scientifique engage probablement, et presque toujours, plus que cette mission, se poser la question de l'adéquation de ces essais « à l'américaine ». Est-il indispensable de se transformer en machine à communiquer, à produire des objets immédiatement consommables ? À vrai dire, les objets ainsi fournis à l'autodidacte, ou l'honnête homme, sont trompeurs. Ils donnent l'illusion de comprendre. Non qu'on ne puisse comprendre, mais cela demande un autre travail, dont un travail d'appropriation du contexte. L'essai classique relève trop souvent de l'argument d'autorité qui se met en travers de ce travail. J'ai pu l'observer sur le vif avec Peyret, mon autodidacte, la compréhension ne passe pas seulement par un exposé des faits positifs. Non que la science soit seulement affaire de spécialistes, mais le sympathique présupposé démocratique et prosélyte « tout le monde peut comprendre dès lors qu'on se donne la peine d'expliquer » est, il me semble, fallacieux.

Curieusement, il n'y aurait que les praticiens de la discipline, et encore, pour comprendre ce type de livres, écrits pour populariser la science, la mettre à la portée de l'honnête homme du XXIe siècle. Évidemment, il y a des cas où ça semble marcher, on le voit au niveau des ventes. Mais il y a un pas entre acheter un livre dont on a entendu parler, ou dont l'auteur a brillé à la télévision, et le lire.

Je me rappelle le commentaire d'un philosophe français, aujourd'hui disparu, qui s'étonnait du niveau des ventes, pourtant modeste – 10 000 exemplaires –, d'un de ses livres et estimait que sur ces 10 000 acheteurs, probablement un millier devait avoir effectivement lu l'ouvrage. Il s'interrogeait aussi sur le nombre de ceux qui, l'ayant lu, l'avaient compris. Par ailleurs, ces ventes magnifiques, pour les auteurs et les éditeurs, sont plutôt en recul, ou concernent souvent des recettes pour mieux vivre, la psychologie du « bobo existentiel » reste une valeur solide. Mais, sans sous-estimer l'intérêt de ces ouvrages, est-ce vraiment ce dont il est question quand on parle d'essais scientifiques ?

Il me semble que les grands essais scientifiques, les vraiment grands, ne se donnent pas pour but premier de passer le « message ». Ils m'apparaissent plutôt comme l'empreinte dans le sable, la trace fossile d'une pensée qui se cherche et, à ce titre, un médium distinct de l'article scientifique qui, dans le mode contemporain de production des connaissances, expose un fait ou une découverte, en quelques pages brèves. Un essai nécessite une démarche qui emprunte à la rêverie et au doute, autorise le détour, dans l'épaisseur rendue au temps de la réflexion, un temps réapproprié, volé à la vie quotidienne des laboratoires. Le temps aussi de l'histoire, car un essai – qu'on lise, re-lise, *La Logique du vivant* – est aussi l'occasion d'une conversation avec les grands morts, Darwin, Claude Bernard, Lamarck… Ces essais – dont j'essaye de tracer le contour – sont œuvres de science, d'une science qui se fait sur un tempo bien particulier. Par là, ils deviennent lisibles au-delà du cercle des collègues, tout en restant de la science.

De ce point de vue, ils pourraient, effectivement, se rattacher aux monographies du XIXe siècle, et ici Darwin littérateur pointe son nez – que FitzRoy, capitaine du *Beagle*, trouvait trop petit –, ou Claude Bernard le sien. Mais, aujourd'hui, alors que le mode de communication scientifique est l'article concis dans une revue spécialisée, anglo-saxonne très souvent, qui écrit encore une monographie pour ses collègues ? Qui fait, lâchons le mot, de la littérature scientifique ? Qui admettra que la science est une forme spécifique de littérature ? Qui réalise consciemment, même quand il se livre au métier annexe d'essayiste, que penser et donc avancer dans sa discipline exige, en marge de l'activité industrieuse, industrielle, des laboratoires, ce rythme lent et hésitant ? À vrai dire, ces livres prétendument écrits pour le grand – ou petit – public, ne sont pas faits pour lui, mais pour soi. Ils sont la cuisine nocturne de la science. Quant aux collègues, le plus souvent, on souhaiterait surtout qu'ils ne vous lisent pas. Un peu comme sortir d'une pièce de boulevard, autrefois du cinéma porno, en douce. Imperméable et chapeau, pourvu que personne ne m'ait reconnu. D'ailleurs cette cuisine peut se concocter sous des formes diverses, pas forcément des livres, pas forcément publiques.

Encore une fois, il ne s'agit pas, ici, d'être nostalgique, surtout pas, mais de comprendre pourquoi on ne peut plus parler en direct de la science qu'on fait, pourquoi il faut toujours un médiateur, quitte à se poser en médiateur de sa propre science, en traducteur. Et surtout, pourquoi cette médiation ne marche pas. Langue étrangère, science étrangère. Pessimisme excessif ? Peut-être, mais comment ne pas s'interroger sur la désaffection pour les études scientifiques, en regard d'un foisonnement de livres, d'essais, qui devraient, au contraire, piquer la curiosité ? Je ne dis pas aimer la science mais s'efforcer de la comprendre alors qu'elle est partout présente, jusque dans notre vie la plus quotidienne. Qu'on haïsse la science, pourquoi pas après tout ? Mais en connaissance de cause. Pas comme on n'aime pas les étrangers, pas dans une xénophobie de la science.

Au fond, il y a un malentendu. Les auteurs voudraient toujours écrire, et les éditeurs éditer, un grand livre de science, fondé essentiellement sur un hypothétique et fantasmatique « dernier état » de la discipline. Ils pensent, ces auteurs – dont je suis – et éditeurs, que c'est jouable de présenter ce bilan en termes accessibles, malgré un mode de production scientifique très technique, très compartimenté, affaire de performance quotidienne, de compétition « sportive » épuisante jusque dans sa fréquente insignifiance. Faisons une expérience par la pensée. L'*Origine des espèces* est parfois d'une lecture ardue, technique, mais elle n'élimine pas le chemin de la réflexion. L'enjeu philosophique et social traverse le texte, l'anticipe et le prolonge en deçà et au-delà de l'actualité scientifique. Un auteur saurait-il encore aujourd'hui écrire ce genre de livre, en aurait-il l'envie ou le loisir, dans un monde où règne une conception ultra-positiviste de la science, limitée à la vérité du fait scientifique publié en temps réel, dans l'immédiateté de son observation ? Un éditeur saurait-il, de fait, reconnaître un tel livre scientifique, et voudrait-il le publier ? Et même pour Darwin, son livre serait-il aujourd'hui reconnu comme un grand livre scientifique ? Qu'on se remémore l'explication d'un académicien éminent quand, en 1872, Darwin ne recueille qu'un tiers des suffrages et voit sa candidature rejetée par l'Institut :

ACADÉMICIEN : « L'exclusion de Darwin venait de ce que la science des livres qui lui avaient valu ses principaux titres de gloire – *L'Origine des espèces* et plus encore *La Descendance de l'homme* – n'était pas de la science : ce n'est qu'une masse d'assertions et d'hypothèses absolument gratuites, souvent manifestement fallacieuses. Ce genre de publication et ces théories sont un mauvais exemple qu'un corps qui se respecte ne saurait encourager. »

— Bon d'accord, Darwin n'aimait pas les Français, mais c'est un peu court comme explication. Il y aurait beaucoup à reprendre sur une telle conception de la science « discours de la vérité », alors que la démarche scientifique, celle que connaissent ceux qui pratiquent leur discipline, c'en est une, à un certain niveau, est toute de doutes, d'hésitations, d'avancées et de reculs, de rectifications des erreurs. Il me semble, quant à moi, que ce discours de la vérité n'est pas de nature à faire comprendre la science. Le discours de la vérité a toujours quelque chose en commun avec une vision religieuse, et sans humour, du monde. Les sciences ont leurs ayatollahs, rabbins, curés... On adhère, ou pas, mais, et c'est étrange dès lors qu'il s'agit de science, on commence par exclure toute approche hésitante, toute pensée non aboutie, et on finit par abandonner, trop souvent, tout esprit critique vis-à-vis des faits établis, définitivement établis, pour l'éternité. Il ne s'agit pas de dire qu'il n'y a pas de faits scientifiques ou de théories scientifiques mais de comprendre que les théories qui se construisent sur ces faits diffèrent des dogmes religieux et des mythes par leur fragilité, leur capacité à évoluer. Ce ne sont pas des vérités relatives, nul relativisme ici, mais des vérités successives, évolutives, oui – c'est bien le terme – évolutives. C'est pourquoi la science change au rythme des observations nouvelles, au risque parfois d'une révolution.

— Einstein ?

— Oui, Einstein, Copernic et Galilée aussi, et puis Darwin, justement.

Pour en revenir au malentendu, comment écrire une science pensée exclusivement comme une somme de faits et de connaissances, donc toujours/déjà obsolète ? Ce serait comme ces dictionnaires d'argot, toujours en retard d'une banlieue. Comment même avoir envie d'écrire de tels livres ? Ou de les étudier, quand on est un fou de sciences mais qu'on n'a pas les connaissances ou la pratique nécessaires pour lire *Nature* dans le texte, ce qui, somme toute, serait la seule solution viable ? Il y a donc là dans cette injonction, je caricature à peine, d'écrire de « la science pour le peuple » quelque chose qui tient de l'illusion, sinon de la tromperie, en tout cas de l'impossible, du fait de la conception habituelle qu'on se fait de la science, ou du lecteur moyen, qu'on s'imagine docile à avaler une science un peu avariée, avec des morceaux encore mangeables certes, mais seulement pour celui qui saurait faire le tri. Alors, pourquoi s'étonner si les livres, ou les émissions scientifiques « accessibles », traitent et de façon apparemment scientifique ou même partiellement telle – cerveau droit/cerveau gauche – des questions éternelles, celles qui intéressent ce peuple imaginaire et adorateur des sciences. Nous les connaissons bien ces questions, biologie du chagrin d'amour et tutti frutti ! Ça n'interdit pas le talent, même si c'est rare.

On peut se demander si cette position impossible n'est pas le résultat d'une conception dominante, utilitariste, de l'activité scientifique. À partir du moment, qu'on pourrait dater du milieu du XIXe siècle, où les sciences cessent d'être, d'abord, des instruments de la connaissance de la nature pour devenir, de plus en plus massivement, des outils aux mains d'agents économiques, ou militaires, il deviendrait difficile d'échapper au discours de la vérité. Ce n'est pas là, d'ailleurs, le seul problème des sciences dures, ou supposées telles. Économie, sociologie, histoire, sont appelées à la rescousse d'un utilitarisme qui devient la justification ultime de l'activité scientifique et cesse d'en être un sous-produit. L'embarquement, non sans risque, sur le *Beagle* est déjà porteur de cette ambiguïté. Une science « fer de lance de l'industrie », discours tenu à droite comme à gauche, ne peut être incertaine ou hésitante. Elle est forcément « fleur au fusil » triomphante et sûre d'elle-même. « Sauvons, sauvons la science au nom du sacré cœur. »

Est-ce vraiment une parodie ? Je ne le pense pas. Je prétends qu'il faut revenir à cette idée simple que si les sciences ont leur mot à dire dans l'économie, ce qu'on ne peut contester, elles sont, avant tout, productrices de connaissances nouvelles. À partir de là, il faut se demander comment on produit ces connaissances. Ce que cela coûte, pas seulement en millions d'euros ou de dollars, mais aussi en sueur et en doute. L'humaine inquiétude et l'incertitude de toute pensée qui s'aventure en terre inconnue, comment les faire connaître ? L'hypocondrie d'un Darwin tétanisé par sa découverte mais incapable – par quelle nécessité interne ? – de ne pas aller jusqu'au bout ; le ressassement bernardien du « comment ai-je trouvé ? » ; la douleur d'un Lamarck aveugle et incompris ; le suicide de Turing, sont autant d'illustrations ou de témoignages de cette dimension, négligée comme une scorie, purement individuelle et subjective, de la création scientifique.

Darwin, travaillé par le doute, sensible aux honneurs et à la gloire, mais avant tout poussé par une force qui le dépasse, répond à Fox : « Vous êtes injuste envers moi quand vous pensez que je travaille pour la gloire ; je l'apprécie jusqu'à un certain point ; mais au fond de moi je sais bien que je travaille mû par quelque instinct qui me pousse à essayer de découvrir la vérité » (*The life and letters of CD*, cité par Bowlby, page 335.)

L'instinct, l'impossibilité d'échapper à cette nécessité. C'est autre chose que d'aller au laboratoire pour y gagner sa vie, même si on est content de la gagner ainsi, cette vie. Par où la science s'apparente à un acte artistique, littéraire. Car, s'il y a, à l'évidence, de la logique dans la science, il y a aussi, on le sait moins – ou on hésite à le dire –, de l'imagination, de l'imaginaire. Il me semble que s'il fallait donner un fil rouge au travail que nous menons ensemble, Peyret et moi, depuis plusieurs années, il serait tout entier contenu dans ce mot « imagination ». Peut-être est-ce justement par ce biais qu'on pourra retrouver une façon sinon de faire aimer la science, ce n'est pas si grave après tout, au moins de faire comprendre ce qui anime ceux qui s'y livrent parce qu'ils l'aiment. Qui s'y livrent vraiment, qui ne croient pas qu'il s'agit là d'un métier comme les autres, pas plus que la littérature n'est un métier comme les autres.

Donner à voir la part littéraire de la science, c'est aussi écrire dans un autre contexte, poétique. Inventer un style propre à cette littérature-là. Refaire le coup du bâton tordu du Professeur Y, forcer le trait pour le rendre plus juste.

— Céline ?

— Oui, Céline !!! Émouvoir, ou terroriser par la beauté, par les abîmes, l'infiniment petit, l'infiniment grand. Pascal ? Il y a peut-être de ça. De la littérature, de la vraie, essayer au moins. La science aussi invente avec des mots, tire sa grâce de son déséquilibre, « La science comme une tauromachie », Leiris, l'ombre de la corne du taureau. Voilà comment il faudrait en parler, pour donner envie d'en savoir plus, donner envie de s'y coller, de s'y coller pour de bon, pas en peintre du dimanche.

Mais il est temps de revenir sur une promesse, tâcher de m'expliquer, non pas sur ce qu'écrire apporte aux autres, mais au scientifique lui-même, en tant que producteur de connaissances. J'ai avancé, un peu plus haut, que certaines écritures ou certaines activités, à côté du laboratoire, par exemple la collaboration avec Peyret, avaient eu des conséquences, plus ou moins importantes, sur mon activité de chercheur. Ça ne se produit pas à tous les coups, il me semble que cela est le résultat d'un changement de rythme et d'une prise de distance par rapport au quotidien. Cette prise de distance n'est pas facile, dans un métier tissé d'urgences successives, mais aussi suffisamment anxiogène pour que l'activité quotidienne, jusqu'à l'épuisement, devienne une drogue. On critique, c'est de bon ton, l'amoncellement des travaux administratifs qui stérilisent les chercheurs arrivés à un certain niveau hiérarchique. Mais que ces tâches disparaissent et on comprend à quel point elles ont pu remplacer une activité intellectuelle au profit d'une occupation de manager (ça, c'est la vision optimiste). On prend alors conscience d'un certain vide. On devrait alors s'interroger sur la nature de ce vide, plutôt que de se plaindre de ses taches. Sont-elles si lourdes ? Ou rendent-elles la vie plus légère ? Et si on compare son activité de chercheur à « une certaine idée de la science », celle qui vous avait fait embrasser cette carrière, il y a de quoi surprendre.

— Vous avez dit drogue ?

— Il est donc non seulement salutaire mais absolument nécessaire, si on n'a pas définitivement renoncé, de s'obliger à maintenir une certaine distance avec la science au jour le jour, de s'autoriser la pratique parallèle d'une science différente. Lire les grands anciens pour maintenir, ou renouer, les fils d'une conversation. Écrire pour donner sa liberté à la rêverie, pas forcément pour publier, mais pour traquer sa propre pensée. Et ça peut marcher, ça peut ouvrir à des vues nouvelles, en tout cas il me semble, si j'en réfère à mon expérience personnelle, difficile de faire autrement. En 1984, après plus de 13 ans d'activité intense, comme étudiant en thèse à la Faculté des Sciences, puis sous la houlette de Jacques Glowinski, au Collège de France, j'avais senti, intuitivement cette nécessité de m'échapper.

Installé à l'Université de New York, j'ai passé un an à lire la littérature sur les gènes de développement, leur action chez la mouche et sur la morphogenèse des membres du poulet. Parallèlement, je passais du temps à la lecture de D'Arcy Thompson, Haeckel, Gawin de Beer, Child, Goldschmidt, Schmalhausen, Paul Weiss et autres savants, évolutionnistes et biologistes du développement qui avaient marqué le XIXe siècle et le début du XXe de leur empreinte. À mon retour à Paris en 1986, cela a donné les *Stratégies de l'embryon*, et un changement d'orientation de ma recherche avec l'idée de lier les gènes de développement à la différenciation des neurones. Je me suis alors installé, avec mon équipe, à l'École normale.

Entre-temps, occupé à la rédaction d'une étude sur Claude Bernard, je m'étais perdu dans la lecture du physiologiste. Je m'efforçais de comprendre sa place dans la constellation du XIXe, ce grand siècle de la biologie. Je crois que c'est cette lecture qui m'a ouvert à la physiologie et fait comprendre à quel point elle avait été une rupture avec une vision mécaniciste, voire thermodynamique du monde. Il s'en est suivi d'autres lectures, celles de Brillouin et Wiener, entre autres, mais aussi une re-lecture de D'Arcy Thompson. Cette vision de l'organisme, cerveau inclus, comme le site, y compris chez l'adulte, d'une embryogenèse silencieuse, n'a pas été sans conséquence sur l'idée que le développement se poursuit toute la vie et donc que les gènes de développement ont une fonction physiologique, thème de recherche devenu important dans notre laboratoire. Cela m'a valu des échanges, parfois piquants, avec des collègues cognitivistes dont je ne comprenais pas qu'ils considèrent le cerveau comme une machine logique, au sens de Turing. Pour moi, à l'époque, et aujourd'hui encore, la logique du fonctionnement cérébral a un lien fort avec celle du développement continué chez l'adulte. Ces collègues m'apparaissaient comme pré-bernardiens, malgré leurs professions de foi physiologiques, *La Biologie dans le boudoir* en témoigne.

Mais cela ne m'empêchait pas de lire Turing et, c'est à cette époque, en 1995 à peu près, que je rencontrai Peyret, qui me déplaça sur son théâtre, un peu pour y faire le clown. Il avait dans la tête de jouer avec les savants. Je n'ai jamais rechigné à me prêter au jeu de petite main biologique, pour la raison que je savais – d'expérience désormais – que cela allait me contraindre à travailler en dehors de mon horizon direct, à lever le nez du guidon. Mais ce fut avec Turing que cela m'est vraiment devenu utile, car je fus obligé de le lire de très près et c'est là que j'ai rencontré, pour la première fois sérieusement, la pensée biologique non pas du père de l'ordinateur, mais de l'inventeur d'une théorie de la morphogenèse. Ce fut comme un choc car, et je m'en suis expliqué dans *Machine-Esprit*, j'ai rencontré d'une part un Turing qui avait mis le développement au centre de sa problématique cognitive, ce qui me plaisait évidemment, voir l'article de la revue *Mind*, et – surtout – développé une théorie des morphogènes qui entrait de plein fouet en résonance avec une observation de mon équipe. Aussi curieux que cela paraisse, c'est cette lecture qui m'a fait proposer que les facteurs de transcription de la classe des homéoprotéines peuvent agir comme des morphogènes (de nouveau je renvoie à *Machine-Esprit*), idée aujourd'hui centrale à l'activité de mon équipe.

— Et Darwin ?

— D'abord je n'avais pas lu Darwin correctement, et ce que j'avais lu, je ne l'avais pas bien compris. Donc merci à Peyret de m'avoir forcé à cette lecture. Ensuite, pour en revenir aux conséquences sur mon activité de chercheur, Peyret m'a demandé de penser à l'évolution de *sapiens* aujourd'hui. La seule réponse plausible était celle de la technique. Cette préoccupation et la fréquentation apaisée des cognitivistes, aussi de mathématiciens, en particulier de Robert Azencott et Gabriel Ruget, m'ont conduit à me pencher sur les technologies d'interface cerveau/machine, non sans lien avec Turing évidemment. La lecture de spécialistes du domaine, lecture toute récente, m'a fait rêver à l'existence de champs morphogénétiques chez l'adulte, au rôle des facteurs de transcription à activité de morphogène, toujours la même lubie, dans la définition de ces champs. Paysages protéiques, dirait Ruget. Je ne peux pas dire ce qui sortira de cette idée, mais contact a été pris avec un groupe japonais qui la trouve suffisamment plaisante pour tenter l'aventure avec nous.

Alors, *Les Variations Darwin* à l'origine d'une nouvelle inflexion de notre recherche ? Trop tôt pour le dire, mais ça serait un assez joli coup.

— Peyret : Un coup de théâtre !

I

MATÉRIAUX DARWIN

Ceci n'est pas un livre de science. Mais ce n'est pas non plus un texte étranger à la science : il ne peut venir que d'un scientifique en activité lui-même lecteur d'autres scientifiques ; c'est ainsi une forme de conversation avec soi-même et avec des collègues, vivants ou disparus. Et s'il faut penser à un genre, c'est plutôt à celui de « mélange » : éléments de réflexion, textes de scientifiques, thèses défendues ou critiquées, fragments de dialogues. Le tout suit un fil conducteur, est organisé selon une certaine logique productrice d'une forme sous-jacente. À partir de ces matériaux, le scientifique aurait pu écrire un essai. Il le fera peut-être un jour. Mais à travers l'épreuve des répétitions théâtrales, ces textes ont évolué vers des partitions, qui ont été jouées ; ils ont évolué, n'ont pas été adaptés à la scène, comme on dit, mais s'y sont adaptés. Ce qui en est sorti est donc, non pas de la science, mais une forme particulière de littérature. Ce mouvement singulier qui, à partir de textes, produit un spectacle, est offert aujourd'hui au lecteur. S'il le veut, il peut se faire son propre spectacle. Parallèlement, en comparant les « Matériaux Darwin » au contenu des partitions, il peut se faire une idée du procédé de fabrication. Il peut voir le devenir théâtre d'une pensée scientifique, comment s'y dessine un partage des voix, et comment elle devient dialogique. Que le lecteur soit scientifique ou non, la posture la plus commode pour aborder cette lecture, et la plus proche de l'expérience dont il est ici question, c'est de se mettre par l'imagination dans la peau des comédiens découvrant à la table ces pages, les lisant à haute voix, à tour de rôle, les tirets dans le texte réglant cette alternance.

Matériaux Darwin 1

CELUI QUI APPORTE LA MAUVAISE NOUVELLE

— Darwin : « Nous pouvons voir, de plus, pourquoi une quantité importante de modifications affectant un seul caractère ne devrait pas nous amener à séparer grandement deux organismes. Une partie qui diffère déjà beaucoup de la même partie chez une forme apparentée a déjà, selon la théorie de l'évolution, beaucoup varié ; par conséquent, elle devrait (pour aussi longtemps que l'organisme reste exposé aux mêmes conditions stimulantes) être susceptible de subir les mêmes sortes de variations ; et celles-ci, sous réserve qu'elles soient avantageuses, seraient préservées, et donc en augmentation continuelle. Dans de nombreux cas, le développement continu d'une partie, par exemple le bec d'un oiseau, ou la dent d'un mammifère, ne serait pas avantageux pour l'espèce dans sa recherche de nourriture, ou toute autre fonction ; mais avec l'homme nous ne pouvons voir aucune limite, en matière d'avantage, au développement continu de son cerveau et de ses facultés mentales. Par conséquent, dans notre détermination de la place de l'homme dans le système de la classification naturelle ou géologique, le développement extrême de son cerveau ne devrait pas prendre le pas sur une multitude de ressemblances sur d'autres points moins importants, ou pratiquement sans importance. » (*Descendance de l'homme*, page 189.)

— Il ne faut pas, dit Darwin, se fonder sur la différence de la taille des cerveaux de l'homme et du chimpanzé pour en tirer des conclusions sur la distance entre ces deux espèces. Cette distance est infime. La taille considérable de notre cerveau marque simplement une évolution très rapide de cet organe, en raison, c'est toujours l'argument de Darwin, de l'avantage lié au développement des facultés mentales. Ce qui ne va pas à l'encontre de la proximité des deux espèces. Le raisonnement tient surtout pour le cerveau. S'il s'agissait du bec, celui des pinsons des Galapagos – très probablement – ou des défenses des mammouths, dont on suppose que l'accroissement d'abord avantageux...

— Davantage d'avantages avantagent davantage,

— ... serait devenu un handicap – hypertélisme – et aurait conduit à la disparition de ces grands mammifères, il en irait autrement.

— Darwin : « Mais avec l'homme nous ne pouvons voir aucune limite, en matière d'avantages, au développement continu de son cerveau et de ses facultés mentales. »

— En est-on si certain ? Qu'est-ce que l'homme ? En quoi diffère-t-il fondamentalement des autres mammifères, du singe surtout ? Darwin au zoo, Darwin comparant le comportement de ses enfants à ceux d'une guenon. Regarder pousser un enfant, belle manip ! Rien que pour ça, ça valait le coup d'en faire, et ma foi, il ne s'en est pas privé, dix pas moins. Reproductible la manip, mais avec des variations, on le verra. *Expression des sentiments chez l'homme et chez les animaux*, livre engrangé dans les Carnets tenus secrets, même pour Emma. Ces carnets écrits, 20 ans avant l'*Origine des espèces*, 30 ans avant la *Descendance de l'Homme*, ou l'*Expression*... Rien de spécial à l'Homme ?

— Darwin : « C'eût été comme avouer un meurtre ! »

— Éditorialiste : Mais alors, qu'est-ce que l'Homme ? Quels sont les gènes qui font que nous sommes différents ? Et surtout, en quoi sommes-nous différents ? Ces différences sont-elles graduelles ? sont-elles brutales ? sont-elles incommensurables ?

— Le génotype est-il suffisant pour en décider ? Où se placent la culture, le langage ? Et comment ces propriétés, ces traits phénotypiques si caractéristiques de notre espèce, car la culture chimpanzé, quand même... s'articulent-ils sur la modification génétique ? Pour rester dans le schéma darwinien, la question est celle de la petite variation, génétique pour nous qui avons connu Mendel, et quelques autres, et de ses conséquences plus ou moins importantes au niveau de la variation du phénotype. Les petites causes peuvent-elles avoir des conséquences importantes et viables, voire avantageuses au niveau de la sélection naturelle ?

Petites causes et grands effets, c'est la problématique du « monstre porteur d'espoir » proposée par Richard Goldschmidt, « *Overnight evolution* ». L'évolution en une nuit. Mutation et hop, nouvelle espèce ! *Natura non facit saltum,* répondent Darwin et les néo-darwiniens, la nature ne fait pas de sauts. Credo remis en cause par de nombreux évolutionnistes et par l'observation de trous dans les collections de fossiles, la fameuse absence de formes intermédiaires que Darwin lui-même considère comme un des obstacles à sa théorie. S'il y a des formes qui manquent, c'est qu'elles ont disparu, ou qu'on ne les a pas trouvées, ou qu'elles n'ont jamais existé. Dans un chapitre central de *l'Origine,* Darwin répond par anticipation à cette critique, et à quelques autres. S'il manque des formes intermédiaires, c'est qu'elles ont disparu. Connaît-on toutes les formes intermédiaires entre un bulldog et un lévrier ? Ce sont quand même des chiens ! Oui, la nature fait comme les éleveurs, elle sélectionne, mais elle le fait naturellement, sélection naturelle. C.Q.F.D. !

— Darwin : « Quoique dans de nombreux cas, il est très difficile de former une hypothèse sur la nature des transitions ayant amené un organe à son stade actuel, il reste cependant que, considérant que le nombre de formes vivantes connues est très petit en comparaison de celui des formes éteintes et inconnues, j'ai été étonné de la rareté des cas où un organe peut être nommé pour lequel aucune forme intermédiaire n'est connue. La vérité de cette remarque est, bien entendu, mise en évidence par ce vieil adage de l'histoire naturelle *"Natura non facit saltum"*. Nous rencontrons cette assertion dans les écrits de presque tous les naturalistes expérimentés ; ou encore, comme Milne Edwards l'a si bien exprimé, la nature est prodigue en variétés, mais peu encline à l'innovation. Pourquoi devrait-il en être ainsi, si l'on croit à la théorie de la création ? Pourquoi toutes les parties et tous les organes de nombreux êtres indépendants, chacun d'entre eux supposément créé de façon séparée, devraient-ils se trouver invariablement liés entre eux par des variations graduées ? Pourquoi la Nature ne devrait-elle pas avoir bondi d'une structure à une autre ? Sur la base de la théorie de la sélection naturelle, nous pouvons clairement le comprendre ; car la sélection naturelle ne peut agir qu'en s'appuyant sur de petites variations successives ; elle ne peut jamais sauter, mais doit avancer à travers des étapes les plus courtes et les plus lentes possibles. » (*Origine des espèces*, page 223.)

— Pour Darwin, cela est clair, la création rapide de formes nouvelles relève du créationnisme. Les petites variations et l'évolution graduelle sont une réponse à la théorie des créations divines et successives. De même que, pour Haeckel, la loi de la récapitulation (les étapes du développement embryonnaire récapitulent celles de l'évolution et le petit d'homme passe successivement par toutes ces étapes) est une preuve de l'évolution, de même l'évolution graduée est une démonstration de l'insanité de la théorie des créations successives.

— Par Dieu ?

— Oui, pardieu, la question religieuse, est toujours présente quand il s'agit de théorie de l'évolution, on le voit aujourd'hui encore aux États-Unis d'Amérique, comme est toujours présente la question du statut de la preuve. Sans preuves, la science laisse la place à Dieu, qui lui n'a pas besoin de preuves, les miracles suffisent. Le problème majeur de ces deux théories, celle de l'évolution et celle du développement, est bien, au XIXe siècle, l'impossibilité d'expérimenter, au sens bernardien du terme, sur des phénomènes dont on ne contrôle pas les causes génétiques.

Car les petites variations chères à Darwin, mais aussi des variations plus brutales des phénotypes, aujourd'hui reconnues, renvoient à des variations, invisibles à l'œil nu, du matériel génétique. Par ailleurs, ce rapport entre génotype et phénotype n'est pas simple, pour la raison que les gènes ne sont pas égaux, ni le rapport du gène au caractère biunivoque. Par égalité, je veux signifier, c'est un exemple, qu'une mutation dans un gène qui régule un processus développemental, par exemple la formation des yeux, aura des conséquences bien plus graves qu'une modification d'un gène codant pour un trait comme la couleur des yeux. Qu'importe la couleur, du moment qu'on voit. La complexité du rapport entre gène et caractère est liée au fait qu'un caractère ne correspond pas à un gène, et vice versa. Un gène peut réguler de nombreux caractères, c'est le phénomène de pléiotropie, et un caractère peut résulter de l'action de plusieurs gènes agissant ensemble au sein d'un même réseau.

Mais ça, Darwin, qui ignorait Mendel et Claude Bernard, ne pouvait pas le savoir. Il semble même, à lire certains passages du *Gène égoïste*, que Dawkins néglige cet aspect pléiotrope ou en réseau. C'est la biologie du développement contemporaine, sous sa forme génétique, qui, en découvrant les gènes qui organisent le développement, a ouvert la voie à une embryologie et une évolution expérimentales et fait entrer ces deux disciplines dans le champ des sciences positives. Désormais, on peut modifier le développement, on peut créer des formes nouvelles, et ce de façon rationnelle, pas empirique ; Évolution et Développement ou encore, pour les intimes, Évo/devo.

Ce qui me ramène à mon propos initial sur *Homo sapiens* et à son apparition soudaine. On ne peut répondre simplement à ce problème de l'entrée dans la clairière, de la brutale, apparemment, émergence de *sapiens*, 200 000 ans d'âge, au maximum, dans une histoire de la vie qui s'étend sur 3 milliards d'années. Bien certainement on doit imaginer des mutations qui agissent sur le temps et la durée d'expression de gènes de développement, des mutations aux effets dramatiques sur la vitesse de développement de l'homme et sur la capacité d'expansion de son cerveau. L'homme « singe néoténique » arrêté dans son développement ou, plus exactement, au développement sans fin, incapable d'atteindre l'âge adulte, celui où il est temps de disparaître. Néoténique parce que embryonnaire, mais quand même capable de se reproduire. Un prépubère du cerveau, avec un sexe adulte.

— Emma : Je comprends mieux.

— Charles : ???

— Ça n'empêche pas que ces grandes et brutales dérives peuvent être liées à de petites variations matérielles, de petites mutations. L'exemple du gène *FOXP2* illustre bien la nature du problème du saut évolutif. FOXP2 est un facteur de transcription, une protéine qui régule l'expression de gènes. Une protéine dont la forme évoque celle d'une hélice ailée et appartient, donc, à la famille des facteurs de transcription de la classe des « hélices ailées » ou « *winged helix* ». Plus joli que « tête de fourchette » autre façon de nommer cette famille. Bref, FOXP2, facteur de transcription, se fixe à l'ADN pour y jouer son rôle de régulateur de la transcription.

Il existe une famille, la famille KE, au sein de laquelle se transmet héréditairement une difficulté de langage caractérisée par des problèmes dans la maîtrise des mouvements fins, du larynx et de la bouche, nécessaires à l'articulation. Ce trouble est corrélé à une mutation du gène codant FOXP2. Cette mutation ponctuelle annule les propriétés de fixation à l'ADN de FOXP2 et donc son activité de facteur de transcription. Il s'agit donc d'une mutation ponctuelle, mais sévère sur le plan fonctionnel. D'autres troubles accompagnent cette difficulté d'apparence purement mécanique, en particulier des troubles grammaticaux et syntaxiques. Il peut s'agir là d'effets multiples liés à la mutation d'un gène exprimé dans différentes régions du système nerveux ; ou la trace d'une relation entre les capacités linguistiques et motrices. Nous y reviendrons.

Bien que les deux explications soient de nature très différente, ces effets multiples, pléiotropes, ne sont pas rares et ils illustrent, dans ce cas précis, le piège indiqué plus haut de l'équation « un gène égale un caractère ». Un caractère est le plus souvent lié, répétons-le, à l'action non d'un seul gène mais d'un réseau de gènes et, à l'inverse, la mutation d'un gène peut affecter plusieurs caractères. Les effets pléiotropes peuvent donc s'expliquer par l'implication du gène dans différentes fonctions très distinctes, mais aussi par des effets en cascade de la dérégulation de son expression.

Au sein d'un réseau de gènes fonctionnant en interaction, toute dérégulation d'un gène se répercute au niveau du réseau, c'est d'ailleurs une façon d'identifier ces réseaux. On dérégule fortement un gène et on cherche tous les gènes dont l'expression varie en réaction à cette perturbation initiale. Le plus souvent, ce phénomène de covariation des gènes du réseau ramène le système à l'équilibre, avec un changement nul ou faible du phénotype. Le choc est absorbé. Mais on peut aussi observer, parfois, un changement général de fonctionnement du réseau. Le système évolue alors vers un autre équilibre, viable au niveau génétique, mais souvent monstrueux sur le plan de la physiologie ou de l'anatomie. Dans un tel cas, l'équilibre purement génétique du réseau, sa régulation, n'est plus en accord avec l'adaptation physiologique, ou ne l'est qu'exceptionnellement.

— Un monstre ?

— Oui, un monstre.

— Goldschmidt : Porteur d'espoir ?

— Pas souvent, mais ça peut arriver, certains le pensent, en tout cas.

— Cette contrainte interne, élément de cohérence de fonction globale du réseau génétique, ne correspond donc pas toujours à la contrainte externe, celle, toute simple, de la survie de l'organisme. L'évolution des organismes, ou plutôt leur adaptation, demande une adéquation entre ces deux contraintes, interne et externe, leur coévolution. En effet, même si le réseau est viable pour lui-même, son passage aux générations suivantes demande que l'individu porteur de la mutation soit viable, lui aussi, et compétitif dans l'épreuve de la sélection naturelle. *A contrario*, la sélection naturelle, le milieu extérieur ne peut agir que sur des phénotypes qui restent l'expression de cette contrainte interne.

L'individu nous apparaît donc comme une interface entre deux contraintes, interne et externe, et on pourrait voir le réseau génétique comme une des figures de ce que Claude Bernard appelait le milieu intérieur. À en croire certains évolutionnistes, comme Arthur Wallace, l'incapacité d'inventer des formes vivantes radicalement nouvelles, à sortir des schémas corporels existants, pourrait être une conséquence de cette double contrainte qui canalise l'évolution dans des voies connues et laisse une marge faible, ou nulle, à la nouveauté radicale, par exemple l'irruption d'un nouveau plan d'organisme.

— Et la conscience ?

— Conscience, conscience, complication supplémentaire, milieu à la fois interne et externe, externe/interne, qui a pris l'importance que l'on sait chez *Homo sapiens*, et qui, par le biais de la culture, donc de la science, sera peut-être à même d'inventer ces formes nouvelles, de faire repartir l'évolution sur des chemins inexplorés et merveilleux. Un merveilleux technologique qui n'exclut pas la possibilité du tragique.

Mais avant d'explorer les outils technologiques de l'évolution, que ce soit par transgenèse ou par l'utilisation des machines, voire, et au sens littéral, leur incarnation, j'aimerais retourner à cette affaire de *FOXP2*. Un gène important pour le langage et exprimé chez tous les vertébrés, cela ne va pas sans interroger ; et je suivrai ici les travaux d'évolution moléculaire de Svante Päabo. Si l'on prend environ 2 000 gènes communs à l'homme, aux singes et à la souris, communs mais pas identiques, *FOXP2* est parmi les 5 % les plus conservés. La séquence de *FOXP2* est retrouvée à l'identique chez les grands singes, chimpanzés, gorilles, macaques. Entre les grands singes et la souris on trouve un acide aminé seulement de différence, deux entre les mêmes grands singes et l'homme. Ces deux acides aminés qui nous distinguent des chimpanzés (pour FOXP2) sont dans l'exon 7 du gène, dans une région codante, traduite en protéine. Il s'agit donc d'une différence ponctuelle, mais qui ne touche pas à la fonction de base de FOXP2 qui est de réguler l'activité d'autres gènes. Nous restons ici dans le domaine du ponctuel et du limité, même si une différence de deux acides aminés peut avoir des conséquences importantes, contribuer, par exemple, au recrutement de nouvelles fonctions.

— Hypothèse : Ces mutations sont à l'origine du langage humain et sont apparues il y a 100 à 200 000 ans.

— Avant la séparation d'avec les néandertaliens ?

— Bonne question. Mais il ne faut pas s'emballer, rien ne prouve que ces deux mutations aient quoi que ce soit à voir avec le langage. Dans la famille KE, il s'agit d'une mutation catastrophique, pas d'une petite variation de rien du tout.

— Darwin : Petite variation ?

— C'est pourtant tentant - allitération - deux mutations, et hop : langage, grammaire, cognition.

— Pléiotrope ?

— Faut voir.

— Comment on fait pour voir ?

— Le plus simple serait de muter *FOXP2* chez le chimpanzé, pour y introduire la forme humaine, ou, inversement, muter *FOXP2* chez *sapiens* pour introduire la forme chimpanzé. Les comités d'éthique risquent de ne pas être d'accord. Alors on ne saura jamais. C'est moral, mais regrettable, car la connaissance du génome du chimpanzé et celle du génome de l'homme permettrait, si on généralisait l'approche, de comprendre comment on y est entré, dans la clairière. Un assez joli programme d'évolution expérimentale, somme toute, que d'analyser comment rapprocher le chimpanzé de l'homme, *Homo pan troglodytes* de *Homo sapiens*. Ça, c'est des sciences humaines, des sciences humaines dures, très dures.

— C'est pas tout d'y être entré dans la clairière, faudrait voir à en sortir.

— On en sort tous les jours, il n'y a qu'à voir les mômes avec un ordinateur, on est toujours le chimpanzé de la génération suivante.

— C'est vrai qu'on pourrait être plus méthodique et plus ambitieux, faire accomplir un saut génétique à l'espèce, de la clairière à la méta-clairière. Ce serait beau ; le problème c'est qu'on ne sait pas trop ce qu'il faudrait changer. Encore qu'une copie supplémentaire du gène *P53* réduit les risques de cancer, donc allonge l'espérance de vie, l'expérience a été faite chez la souris. Après tout, si Dawkins, l'homme du *Gène égoïste*, a raison, l'évolution a sélectionné la reproduction des individus plutôt que leur longévité. Après la période féconde, l'individu qui a passé ses gènes devient inutile, un fardeau même au regard de l'évolution, et les ennuis commencent : cancer, Alzheimer et autres sucreries. Pourquoi ne pas décider, par la technique génétique, de changer *sapiens* ? Moins de reproduction, mais plus de longévité. Homme, 30 ans, bien fait de sa personne, troquerait descendance contre vie éternelle, ou presque. Et en bonne santé, s'il vous plaît.

On pourrait aussi être plus ambitieux en fabriquant des outils infiniment puissants dans leur capacité à augmenter les performances cognitives de notre cerveau. Qui sait si, dans quelques générations, nous ne porterons pas, en nous-mêmes, dans notre chair, les outils, alliages probables de cellules et de circuits informatiques, inventés pour accroître à l'extrême la puissance de notre cerveau et de notre corps ? *I robot*, cyborg. Alors l'homme d'aujourd'hui, qui aura donné naissance à cette nouvelle espèce, apparaîtra aux yeux de nos descendants comme assez peu différent du singe.

— Oui, je vous l'accorde, il y a du boulot. Ce n'est pas pour demain. Mais si on ne pense que pour demain, on n'invente rien.

En science, il ne faut jamais négliger la part du rêve. C'est celle du lion. 1893, échec du premier aéroplane, une immense chauve-souris suspendue dans le hall d'honneur du musée des Arts et Métiers. Mimer la nature, premier geste puéril de l'inventeur, évocation de Léonard. N'empêche, 80 ans plus tard, le premier homme marche sur la Lune. Mazette, quel bond ! Vertige, obstination de *sapiens*. Comment ne pas aimer la science ?

— Darwin : « Je regrette de dire que je n'ai aucune "vue consolatrice" sur la dignité de l'homme. Je suis satisfait de penser que l'homme progressera probablement, et je ne m'inquiète guère de savoir si dans un avenir éloigné nous serons considérés par nos descendants comme de simples sauvages. Mille remerciements pour votre dernier billet.

Votre affectionné,

Ch. Darwin » (*Correspondance* de Charles Darwin, lettre à Lyell, du 4 février 1860).

— *Homo sapiens, Homo pan troglodytes, Homo pan paniscus*. La distance est très faible sur le plan génétique. Elle est immense par les capacités technologiques, par les promesses portées par ces capacités intellectuelles qui nous permettront de fabriquer les outils d'une accélération de notre individuation. L'avenir ne semble pas tant dans une longévité accrue...

— Sans toutefois négliger cette possibilité...

— Certes,

— ... que dans la multiplication des vies parallèles, dans une intensification de la vie, rendue possible par l'accélération technique de l'individuation, par notre capacité à accroître à l'infini, via cette alliance du silicium et du neurone, les stimulations sensorielles et les interactions sociales, qui sont le moteur de notre adaptation, de notre individuation inscrite dans la forme, toujours changeante des réseaux de neurones cérébraux.

Dans cette densification, aussi – surtout ? –, de la pensée réflexive, avec la part de rêve ou de rêverie, par où chacun ne cesse de s'inventer soi-même, et qui est le propre de l'homme. Enfin, quand je dis « nous », il s'agit des suivants. Nous aurons seulement préparé la salle. C'est pas de chance, mais, considérée dans la continuité des inventions techniques qui ont permis à une espèce, physiquement débile, de dominer le monde, cette perspective ne manque pas de grandeur. Ce ne serait d'ailleurs que la suite logique de la grande série des adaptations techniques. Darwin, même s'il pense d'abord sélection naturelle – ou domestique – des variations héréditaires, même pour l'Homme, ne néglige pas l'adaptation technique permise par ses facultés mentales.

— Darwin : « Car l'homme est capable par ses facultés mentales "de garder un corps inchangé en harmonie avec un univers qui se modifie". Il a l'important pouvoir d'adapter ses habitudes à des conditions de vie nouvelles. Il invente des armes, des outils et des stratagèmes variés qui lui procurent de la nourriture et l'aident à se défendre. Quand il migre vers des climats plus froids, il utilise des vêtements, construit des abris et fait du feu ; et à l'aide du feu, il cuit des aliments qui seraient, sinon, indigestes. Il aide ses compagnons de multiples façons et anticipe les évènements futurs… »

— En revanche : « Les animaux inférieurs, d'un autre côté, peuvent voir leur structure physique modifiée pour survivre dans des conditions qui changent grandement. Ils peuvent devenir plus forts ou acquérir des dents ou des griffes plus efficaces, pour se défendre d'ennemis nouveaux ; ou il peuvent voir leur taille se réduire pour échapper aux prédateurs et au danger. Quand ils migrent vers des climats plus froids, ils doivent se vêtir d'une fourrure plus épaisse ou changer de constitution. S'ils manquent à être ainsi modifiés, ils cesseront d'exister. » (L'*Origine*, page 158.)

Cette différence entre *sapiens* qui s'adapte techniquement et qui, de ce fait, a probablement cessé d'évoluer par sélection naturelle…

— La sélection naturelle, c'est donc bon pour les bêtes ?

— Pas faux ; pour l'Homme, si on oubliait les gènes on pourrait avancer que l'évolution est lamarckienne, passage aux générations suivantes des modifications acquises, mais passage non génétique, culturel. Notre place dans la constellation des primates est donc problématique. Qu'en est-il en nous du singe ? Il suffit de se balader au zoo de San Diego, ou de Londres pour Darwin, fasciné par la guenon Jenny…

— Une orang-outan pourtant, pas de quoi en faire un plat !

— … pour constater la proximité avec les chimpanzés nains, ou Bonobos. La parenté est sensible au point que s'arracher à leurs facéties est difficile, ne se fait pas sans remords, sentiment de laisser un parent à l'hôpital, ou en prison. Désolé, madame, l'heure de la visite est passée.

Les travaux des généticiens, mais aussi les mesures morphométriques, suggèrent que nous ne prenons guère de risque à placer aujourd'hui les chimpanzés et l'homme dans le même genre, le genre *Homo*. Ce qui ne veut pas dire que, pour certains caractères, nous ne soyons plus proches du gorille. Mais très clairement, sur la base de l'analyse de quelques milliers de gènes, le chimpanzé est plus proche de nous que du gorille ; bref, cette intuition qui nous saisit au spectacle de ces chimpanzés correspond à quelque chose de bien réel sur le plan biologique. L'homme est probablement un primate africain apparu il y a environ 100 000 ans, c'était hier, et au départ ce fut sans doute une petite population de 10 000 individus qui a réussi à survivre, se multiplier et migrer jusqu'à envahir la Terre entière et même d'autres planètes de l'univers.

Car cette proximité biologique avec nos cousins primates ne doit pas, ne peut pas, nous faire oublier que cette petite différence, un pour cent du génome, a eu des conséquences considérables quant à nos capacités cognitives, et que c'est *sapiens*, oui, *sapiens* et non *paniscus* ou *troglodytes*, qui est en mesure d'écrire des ouvrages sur ses cousins. C'est *sapiens* qui ouvre une nouvelle page de l'histoire de l'évolution en construisant les instruments du futur de l'homme, même si on ne peut exclure que ça tourne à la catastrophe et que nous soyons amenés à disparaître au profit d'espèces inférieures.

— Darwin : Inférieures ?

— Façon de parler.

— Toujours la même affaire du « être et ne pas être un animal », les deux à la fois, car nos capacités à échapper à la condition animale sont le résultat de notre place dans l'histoire naturelle.

— Kafka : « Éminents académiciens... Cinq ans me séparent de mon passé de singe. »

— Raccourci kafkaïen ; mais, à vrai dire, question temps, il semble qu'on ait toujours eu du mal avec la durée de l'évolution.

L'apparition de la vie sur Terre, 5 000 ans ou 3 milliards d'années ? Problème religieux, certes, mais scientifique aussi. Lord Kelvin tirait de ses travaux de thermodynamique et de ses calculs sur le refroidissement de la Terre que celle-ci avait entre 20 et 200 millions d'années d'existence (erreur d'un facteur 60 à 600), ce qui était incompatible avec la théorie de Darwin, en tout cas sous sa forme gradualiste, sans sauts de la nature.

— *Natura non facit saltum.*

— Je sais.

— Quoi qu'il en soit, l'ancêtre commun, Lucy ou Toumai, c'est entre 5 et 15 millions d'années, ça ne devrait plus beaucoup changer, et nous sommes dans le même ordre de grandeur. Par rapport à 3 milliards d'années, ces 5 millions comptent comme 3 minutes dans une journée de 24 heures. Et si on se rend compte que l'homme, le vrai, *sapiens*, n'a pas 200 000 ans, ces 3 minutes se réduisent à quelques secondes. C'est vite fait, à peine le temps d'allumer la lumière. Quant à savoir si on tiendra encore une ou deux secondes, bien malin qui pourrait le dire. Aux arthropodes, ceux qui nous survivront, en cas de malheur, c'est probable, de prendre les paris.

Pourquoi je ne suis pas singe ? Pourquoi je le suis ? Pourquoi se penser par rapport au singe ? Plus largement par rapport à l'animal ? Plus facilement que par rapport à la technique, alors que si l'animal est mon passé, la technique est mon destin ? Un destin inscrit dès l'apparition de *sapiens*, dès l'évidence de sa nudité.

Tout *Homo* qu'il soit, *Homo pan paniscus* – ou *troglodytes* –, reste du côté de la nature. Pour *sapiens*, la nature, c'est tout juste un petit zéphyr qui lui chatouille encore le talon.

— Kafka ?

— Et pourtant, ce petit courant d'air au talon, même s'il marque la place de la flèche, anticipe la dernière bascule, on y tient. Il nous ramène à avant qu'on ait perdu notre liberté, savane, sexe, bouffe et compagnie. Je ne me souviens de rien, j'anticipe très peu. Je vis, une heure, une minute, une seconde à la fois. Oublier..., Tarzan plus Alzheimer, l'absolu bonheur. Devenir homme. Esclave et clown. Domestication. Tous les anges sont bleus. Toute connaissance est connaissance de la mort.

— Claude Bernard : De la vie ?

— Oui, Claude, de la vie aussi.

— Darwin : « Je n'aurai pas non plus l'occasion de traiter, sinon par allusions, la question de la distance entre l'homme et les singes anthropomorphes ; car le professeur Huxley, de l'avis des juges les plus compétents en la matière, a démontré de façon concluante que pour chaque caractère, pris isolément, l'homme diffère moins des singes supérieurs que ceux-ci ne diffèrent des membres inférieurs du même ordre des primates… » (*Descendance de l'homme*, page 3.)

— Éditorialiste : C'est prouvé par la génétique.

— Darwin : « Il a souvent été dit, avec autorité, qu'on ne saurait connaître l'origine de l'homme : mais l'ignorance est plus fréquemment la source de certitudes que ne l'est la connaissance : c'est celui qui sait peu, et non celui qui sait beaucoup, qui est si péremptoire pour affirmer que tel ou tel problème ne sera jamais résolu par la science. La conclusion que l'homme est descendu avec d'autres espèces de quelque forme ancienne, primitive et disparue, n'est en rien nouvelle. Lamarck, il y a longtemps, était arrivé à cette conclusion, qui a récemment été défendue par de nombreux et éminents naturalistes et philosophes. » (*Descendance de l'homme*, page 3.)

— Tiens donc, une référence à Lamarck ; pourtant Darwin a horreur d'être comparé à Lamarck. Lamarck sent le soufre, c'est un rouge. Et puis, ce mécanisme d'adaptation par volonté, par progression, c'est absurde, tandis que les petites variations et la sélection naturelle, c'est autre chose.

— Darwin : « Le ciel me préserve des sottes erreurs de Lamarck de sa "tendance à la progression", et des "adaptations dues à la volonté continue des animaux", etc. ; mais les conclusions auxquelles je suis amené ne diffèrent pas beaucoup des siennes, bien que les agents des modifications soient entièrement différents. Je pense que j'ai trouvé (c'est ici qu'est la présomption) la manière très simple par laquelle les espèces s'adaptent parfaitement à des fins variées. Vous allez gémir, et vous vous direz intérieurement : "Est-il possible que j'aie perdu mon temps à écrire à pareil homme ?" J'aurais pensé de même il y a cinq ans. » (Lettre à J.D. Hooker, 11 janvier 1844.)

— Proche du singe jusque dans le cerveau, tous les anatomistes vous le diront, y compris Vulpian.

— Darwin : « Les différences réelles qui existent entre l'encéphale de l'homme et celui des singes supérieurs sont bien minimes. Il ne faut pas se faire d'illusions à cet égard. L'homme est bien plus près des singes anthropomorphes par le caractère anatomique de son cerveau que ceux-ci ne le sont non seulement des autres mammifères, mais même de certains quadrumanes, des guenons et des macaques. » (*Descendance de l'homme*, page 11.)

— Même en prenant l'organe – le cerveau – qui aurait évolué le plus vite et donc serait, Darwin nous le rappelle, porteur de la plus grande différence entre nous et le chimpanzé, nous restons très proches cousins. Dans les vices qui sont les nôtres aussi, car le singe boit et fume pour peu qu'on lui en donne l'occasion. « De nombreuses sortes de singes ont une forte appétence pour le thé, le café et les spiritueux : et, comme j'ai pu l'observer moi-même, ils peuvent fumer avec plaisir. » Miroir tendu au singe, mais qui nous renvoie le reflet de nos origines, la littérature s'en saisit.

— Kafka aimait les histoires de bêtes, il ne s'est pas contenté du singe. Il y a les chacals, les chats, les cafards, les vautours.

— Oui, mais pour le singe, le conte n'a rien de fantastique, puis c'est une histoire d'évolution, quand même.

— Kafka : « Il était si facile d'imiter les gens ! Je savais déjà cracher depuis les premiers jours. Nous nous crachions réciproquement à la figure ; la seule différence était que je me débarbouillais en me léchant alors qu'ils ne le faisaient pas. Je ne tardais pas à fumer la pipe comme un ancien ; si par surcroît je plantais le pouce dans le fond du fourneau, tout l'entrepont était en liesse, je ne mis longtemps que pour apprendre à distinguer une pipe bourrée d'une pipe vide. » (*Rapport pour une académie*, Pléiade, page 515.)

Imitation et langage. L'imitation comme origine du langage. Un larynx un peu plus bas, juste au-dessus de la trachée, au risque de s'étouffer en avalant de travers. Et puis cette fameuse mutation de *FOXP2*, les deux acides aminés de l'exon 7. Des données récentes d'imagerie cérébrale, façon de photographier les zones actives du cerveau, de localiser les fonctions cérébrales par des voies non invasives – traduire, sans ouvrir le crâne – chez des membres de la famille KE affectés, ou non (il faut un contrôle dans la manip), par la mutation, démontrent l'existence d'une anomalie fonctionnelle dans des aires motrices, contrôlant le mouvement, y compris les aires de Broca impliquées dans la mécanique du langage. Cette anomalie est visualisable, qu'on prononce le nom ou qu'on se contente de le « dire par la pensée ». Chez le chimpanzé, la région probablement homologue, région F5, s'allume dans les tâches d'imitation : activation des neurones miroirs, ceux qui s'allument quand je regarde mon collègue effectuer une tache, attraper sa banane, par exemple.

Les neurones miroirs ont été découverts d'abord chez les singes. Chez l'homme on les trouve dans les mêmes aires que chez le chimpanzé, F5/Broca et cortex moteur, là où s'anticipe le mouvement, où il se prépare. Ces neurones sont activés pendant l'imitation, ou l'observation, d'un comportement, ou encore de l'empathie provoquée par l'expression d'une émotion, ressentie ou jouée, au théâtre par exemple. Ces neurones miroirs permettraient d'intégrer la perception et l'action au niveau cérébral. Cette proximité des aires de Broca, une des aires du langage, et l'expression de *FOXP2* dans des aires associées au mouvement suggèrent l'existence d'un lien entre imitation gestuelle et acquisition du langage. Le langage, une fonction plus proche du mouvement que du son ?

— *Body language* ?

— À suivre.

Ce qui reste surprenant chez Darwin est cet optimisme sur l'avantage que confère le cerveau humain, du fait de sa taille et de ses performances cognitives. Sans vouloir jouer les rabat-joie, est-ce vraiment un avantage évolutif ce saut de 500 à 1 500 cm^3 en quelques pauvres millions d'années ? Était-ce bien nécessaire ? Et si ce n'est pas un avantage évolutif, ne faut-il pas invoquer l'intervention divine ? C'est l'objection de Wallace, le co-inventeur de la théorie de l'évolution, et celle de Lyell, le géologue ami de Darwin. Et même s'ils utilisent l'argument pour mettre en doute l'origine simienne de l'homme, défendre Dieu, la suggestion que 500 cm^3 c'était bien assez au regard de la sélection naturelle mérite qu'on s'y arrête.

Argument de Wallace/Lyell : Pas nécessaire au regard de la sélection naturelle d'avoir un tel cerveau. La sélection naturelle c'est bon pour tout le monde, sauf pour l'homme, la preuve, c'est qu'il n'en avait pas besoin. 300 à 500 cm^3 auraient suffi et l'évolution, si elle était naturelle, aurait dû s'en tenir là. Donc une intelligence supérieure existe. C'est elle qui a poussé la cylindrée au-delà de la nécessité évolutive.

— Wallace : « Si la variation et la sélection naturelle pouvaient rendre compte à elles seules de l'évolution de toutes les autres espèces ainsi que du corps humain, elles ne peuvent expliquer le développement de l'énorme cerveau humain. Celui-ci ayant évolué au-delà de tout avantage sélectif. » Une intelligence supérieure, soupçonnait-il, avait guidé les processus sélectifs responsables. » (*Quaterly Review*, rapporté par Bowlby, page 399.)

— Lyell : « Mon sentiment étant que la sélection naturelle ne saurait expliquer entièrement le développement progressif ou l'évolution, je suis plutôt enclin à applaudir Wallace lorsqu'il laisse entendre qu'une volonté ou une puissance suprême... peut guider les forces de la loi de la nature. »

— Darwin, lui, a compris qu'on était des singes, et ça le déprime, il passe son temps à être malade de l'estomac. Ça le ronge, cette histoire : pas de Créateur, la vie n'a pas de sens. Le seul sens qu'on puisse lui donner, c'est de la comprendre, travailler pour comprendre, travailler pour oublier, une drogue, notre cerveau a besoin de drogue. Opium, Religion, Travail. La Sainte Trinité de la survie. Momentanée, la survie. Sinon la solution FitzRoy... Rasoir contre gorge, comme son oncle, combat inégal.

— Cioran : Le vrai bonheur est de n'être pas né.

— Certes, mais on s'en aperçoit toujours trop tard.

Ce cerveau humain serait hypertélique, monstrueusement développé au-delà du nécessaire, au-delà, surtout, de toute raison, conduisant l'espèce non pas à sa survie mais à sa disparition. Résultat de la contrainte génétique interne ? Une fois engagé dans une direction évolutive, le système ne peut plus sortir du schéma du fait de l'interaction entre les gènes, gènes de développement en particulier. Une fois le schéma des tétrapodes inventé, impossible de fabriquer autre chose qu'un tétrapode ; même s'il perd les pattes, le lézard devenu serpent reste un tétrapode. Alors, accident de parcours, mutation stupide qui conserve le plan mais le rend absurde, y compris dans son efficacité adaptatrice. Pas assez de corps, trop de cerveau.

— Darwin : « Il est bien connu que l'homme est construit sur le même type général ou modèle que les autres mammifères. Tous les os de son squelette peuvent être comparés à ceux, qui leur correspondent, d'un singe, d'une chauve-souris ou d'un phoque... Le cerveau, le plus important de ces organes, suit la même loi, comme cela a été démontré par Huxley et d'autre anatomistes. » (*Descendance de l'homme*, page 10.)

Le problème est qu'une fois accepté qu'on est un singe, il n'y a plus de raison de s'arrêter. L'arbre de l'évolution a un tronc, des branches, une graine au départ et la généalogie humaine trouve son origine bien au-delà des primates, somme toute assez présentables. Darwin va jusqu'au bout.

— Darwin : « Dans notre effort pour retracer la généalogie des mammaliens, donc de l'homme, en descendant plus bas dans la série, nous faisons face à une obscurité grandissante. Celui qui souhaite voir ce que peuvent produire l'ingéniosité et la connaissance devrait consulter les œuvres du Pr Haeckel. Je me contenterai, pour ma part, de quelques remarques générales. Tout évolutionniste admettra l'existence de cinq grandes classes de vertébrés, concrètement les mammifères, oiseaux, reptiles, amphibiens et poissons, tous descendent de quelque prototype unique ; car ils sont très semblables, en particulier aux stades embryonnaires... La découverte est que les larves des ascidiens sont apparentées aux vertébrés, dans leur mode de développement, dans la position relative de leur système nerveux, et dans l'existence d'une structure qui ressemble de très près à la *chorda dorsalis* des animaux vertébrés. Il apparaît donc, si l'on peut se fier à l'embryologie, qui s'est toujours révélée comme le guide le plus sûr pour la classification, que nous avons au moins gagné un indice sur l'origine dont dérivent les vertébrés. Nous devrions donc nous sentir justifiés de croire qu'à une période très reculée, il existait un groupe d'animaux ressemblant par de multiples aspects aux larves des modernes ascidies et que ce groupe s'est séparé en deux grandes branches, l'une destinée à régresser pour produire la classe actuelle des ascidiens, l'autre s'élevant et venant couronner le sommet du royaume animal en donnant naissance aux vertébrés. » (*Descendance de l'homme*, page 203.)

— L'autre problème, une fois ce cerveau incongru poussé comme une tumeur…

— Tu ne veux pas toucher là ? Je sens comme une boule.

— … est de faire face à cette connaissance/conscience nouvelle du monde qui nous entoure. Se donner des raisons de continuer une histoire dont le sens nous échappe. Le cerveau humain, comme les défenses du mammouth, trait hypertélique qui conduit l'espèce à sa perte. Pas forcément parce que la science fabrique les instruments de la destruction. Après tout, elle construit aussi ceux de la survie, mais par perte de sens, perte de cohérence au-delà de la vie, triomphe total de la mort. À moins de s'inventer une cohérence. Le temps de se reproduire, en tout cas.

— François Jacob : « Je crois que le cerveau humain a une exigence fondamentale : celle d'avoir une représentation unifiée et cohérente du monde qui l'entoure, ainsi que des forces qui animent le monde. Les mythes comme les théories scientifiques répondent à cette exigence humaine. »

— La science donne, comme la religion, une représentation cohérente du monde. Mais, à moins de se présenter comme une nouvelle religion, positivisme béat, elle donne une cohérence désespérante, au sens littéral. Désespérance d'Emma devant un Charles qui lui échappe puisqu'il lui échappera. Au fond, elle s'en fout du singe. C'est Charles qu'elle veut, « son cher Nègre », au-delà de la mort.

— Emma : « Tel est l'état d'esprit que j'entends conserver à ton égard : tant que tu agis scrupuleusement et que tu désires sincèrement découvrir la vérité, tu ne peux te tromper, mais il est des raisons qui s'imposent à moi et m'interdisent d'être toujours à même de me donner ce réconfort. J'ose dire que tu y as souvent réfléchi auparavant, mais je coucherai par écrit ce qui m'est passé par la tête en sachant bien que mon très cher se montrera indulgent… Il me semble que l'axe de tes recherches a pu te conduire à voir surtout les difficultés d'un seul côté, et que le temps t'a manqué pour envisager et étudier la chaîne des difficultés de l'autre, mais tu n'as pas le sentiment d'avoir une opinion formée, je crois. Puisse l'habitude, à l'honneur dans les recherches scientifiques, de ne rien croire qui n'ait été prouvé, ne pas influencer excessivement ton esprit en d'autres choses qu'on ne saurait prouver de la même façon et qui, si elles sont vraies, dépassent vraisemblablement notre entendement… Ne crois pas que ce n'est pas mon affaire et que cela ne signifie pas grand-chose pour moi. Tout ce qui te concerne me concerne et je serais des plus malheureuses si je pensais que nous ne nous appartenions pas l'un à l'autre à jamais. Je crains fort que mon cher Nègre pense que j'ai oublié ma promesse de ne pas le tracasser, mais je suis sûre qu'il m'aime, et je ne puis dire combien il me rend heureuse et combien je le chéris et le remercie de toute son affection qui fait chaque jour le bonheur de ma vie. » (Lettre d'Emma à Charles Bowlby, page 227.)

Darwin est celui qui apporte la mauvaise nouvelle, que toutes les vies ont un sens, sauf la vie humaine. Le cerveau humain, par la science, apporte de la cohérence en effet, mais il prive le monde de sens. Il se pourrait qu'il ne faille pas aller chercher ailleurs les racines des mouvements anti-sciences, elles sont d'une nature profondément religieuse, même quand la référence à un créateur est remplacée par la référence à la Nature, N majuscule. Critique de la science qui n'est qu'effroi devant l'évidence, car c'est bien une évidence que la science dévoile, il n'y avait rien avant et il n'y aura rien après. Insupportable, pour peu qu'on ait un minimum d'imagination. Mais, être libre, c'est préférer Pascal ou Monod à l'abbé Pierre, ou à tout autre curé, en soutane ou masqué.

— Monod (*qui passait justement par là*) : « Il est bien vrai que la science attente aux valeurs. Non pas directement, puisqu'elle n'en est pas juge et *doit* les ignorer ; mais elle ruine toutes les ontogénies mythiques ou philosophiques sur lesquelles la tradition animiste, des aborigènes australiens aux dialecticiens matérialistes, faisait reposer les valeurs, la morale, les devoirs, les droits, les interdits.

S'il accepte ce message dans son entière signification, il faut bien que l'Homme enfin se réveille de son rêve millénaire pour découvrir sa totale solitude, son étrangeté radicale. Il sait maintenant que, comme un Tzigane, il est en marge de l'univers où il doit vivre. Univers sourd à sa musique, indifférent à ses espoirs comme à ses souffrances ou à ses crimes. » *(Le Hasard et la Nécessité,* page 187.)

Matériaux Darwin 2

CINQ CENTS CM³, C'ÉTAIT BIEN ASSEZ

L'apparition, il y a environ 200 000 ans, de l'Homme moderne, *sapiens*, soulève de nombreuses questions. La première, avec laquelle nous avons déjà passablement joué, concerne la rapidité d'une évolution, marquée par l'accroissement monstrueux de la surface corticale. Vient ensuite le miracle de la survie de cette espèce, malgré un handicap physique immédiatement apparent. Enfin, question souvent posée, celle de l'évolution actuelle ou future de *sapiens*. *Sapiens* peut-il encore évoluer, naturellement ou par domestication, donc sans intervention directe sur le génome et indépendamment des artefacts techniques ?

Darwin estime que le passage des 500 aux 1 500 cm^3 est le résultat de la sélection naturelle. Pour Wallace, coinventeur de la théorie de l'évolution, comme pour Lyell, l'évolution est naturelle jusqu'à 500 cm^3, mais l'Homme a été créé par le Tout-Puissant, car, au regard de la sélection naturelle, 500 cm^3, c'était bien assez. Il s'agit de sauver, à la fois, l'évolution jusqu'au singe et la religion, à partir de l'Homme. Après tout, ce n'est pas un hasard si dans l'*Origine des espèces* Darwin avait décidé, sciemment, de « laisser l'Homme de côté ».

— Darwin : « Mais je l'ai repris avec la *Descendance*. »

— C'est dans la *Descendance*, en effet, qu'il répond à Wallace que les qualités morales et intellectuelles de l'Homme sont aussi des qualités naturelles, et qu'il n'y a aucune raison pour qu'elles échappent au processus de sélection dès lors qu'elles offrent des avantages. Et ces avantages sélectifs sont évidents puisque c'est cet accroissement de la surface corticale qui autorise le développement des outils techniques et des rapports sociaux à l'origine de la survie de cet embryon qu'est *sapiens*. D'ailleurs, si ce n'était pas un avantage, nous ne serions pas là pour en parler. C.Q.F.D.

— Darwin : « Ces multiples inventions, grâce auxquelles l'homme dans son état le plus sauvage est devenu si prééminent, sont le résultat direct de son pouvoir d'observation, de sa mémoire, de sa curiosité, de son imagination et de sa raison. Je ne peux, par conséquent, comprendre comment Monsieur Wallace peut maintenir que "la sélection naturelle ne peut avoir fourni à l'homme sauvage qu'un cerveau légèrement supérieur à celui d'un singe". » (*Descendance de l'homme*, page 137.)

— Évidemment, on peut se poser la question de la durée. Le cerveau humain, c'est la technique ; l'homme nu, l'homme embryon, ne peut survivre sans la technique. La technique comme destin, comme outil de la survie.

— Éditorialiste : Ou alors la disparition, et hop !

— Les deux peut-être, technique et disparition quand même. On ne peut exclure que la machine finisse par s'emballer, et que les dommages collatéraux de l'évolution cérébrale, hypertélie, ne viennent l'emporter sur les avantages adaptatifs. De toute façon, en 200 000 ans d'évolution, on n'a pas le recul. Comme les mammouths, excès de défenses, excès de cerveau.

— Philosophe allemand : « Août 1945 (Hiroshima), février 1997 (Dolly) : L'homme sous le signe du monstrueux. Effectivement l'homme est un monstre. Il est le monstre de l'évolution, par la rapidité d'évolution de son organe cérébral. Monstre porteur d'espoir évolutif, s'entend au sens de Richard Goldschmidt ? Tout porte à le croire, en particulier son succès évolutif, insensé en une durée si courte, mais il faut attendre pour savoir. Rien ne prouve que le miracle va se prolonger. L'hypertélie de ce développement cérébral a bien permis l'invention de la technique, antidote à la faiblesse du néotène, l'embryon sexué, mais n'est pas sans risques. Si la clairière est déjà celle de Hiroshima, celle où "bêlent les brebis clonées", celle des inventions anthropotechniques encore à venir, qui permettront d'intervenir directement sur le corps de l'homme, sur son cerveau même, l'ordinateur n'étant qu'une forme très primitive, car encore extériorisée, du prolongement cérébral, alors l'homme pourra encore accélérer son évolution. Un destin technique, pas une élégie champêtre, voilà l'aventure humaine. » (*La Domestication de l'Être*, P. Sloterdijk.)

— Notons, cependant, qu'il existe une différence entre Dolly et Hiroshima. Dolly est une réussite empirique, Hiroshima un aboutissement théorique maîtrisé. Pour l'atome, on a fini par la technique, pour Dolly on a commencé par là, avec un grand trou dans la théorie. Sinon on pourrait réussir à tous les coups. Ce qui est loin d'être le cas. Et puis le clonage est une technologie assez peu intéressante, triviale, trop proche de l'agriculture. Travailler sur l'individuation en injectant de la technique dans la matière cérébrale a plus d'avenir, même du côté de l'immortalité.

Un clone est un autre soi-même, génétique, sans histoire qui nous rattache à lui, sinon l'histoire évolutive. Les mêmes gènes, la belle affaire ! On efface la bande et on recommence. C'est comme avoir plusieurs vies, mais sans profiter soi-même des vies parallèles. Comme d'avoir un nombre illimité de jumeaux venu à des âges avancés de la vie. L'individuation est une invention permanente d'un soi-même en évolution. Notre propre histoire individuelle vient s'ajouter à l'histoire évolutive. On est toujours un autre à venir. C'est plus intéressant que ce retour à zéro de la reproduction sans sexe, cet effacement de l'individuation, comme une nouvelle forme de mort. Merci, une fois suffit !

Le mélange interindividuel des neurones multiplié à l'infini par la technique, l'implantation de puces dans le cortex, pas de raisons d'attendre le bon vouloir de l'évolution naturelle...

— De toute façon, on n'a pas le temps

— ... additionnée au mélange sexuel des gènes.

— Pas déplaisant comme point de départ.

— ... c'est du méta-sexe, autre chose que du clonage, technique qui nie à la fois le sexe et l'individuation, le clonage, tout juste bon pour fabriquer de la viande, et encore.

— Philosophe allemand : « L'homme ne descend ni du singe ni du signe, il descend de la pierre dans la mesure où nous nous entendons pour considérer que c'est l'usage de la pierre qui a inauguré la prototechnique humaine. »

— Le regard qui suit la pierre lancée est la première forme, liminaire, de la théorie. Le lancer marque aussi la distance, le cercle qui définit la clairière. En cela la taille de la clairière, espace humain et propre de l'Homme, reste déterminée par la force, la puissance. Mais ce serait là une force bien misérable comparée à celle de nos cousins, les lions et les gorilles, s'il n'y avait pas la charrue et la lance, en attendant mieux. Le cerveau nous apporte, face aux duretés de l'environnement, aux agressions des prédateurs, la force d'un environnement interne, conscience de soi, conscience des autres, conscience de la conscience. Anticipation du plaisir chez soi, chez l'autre, évaluation du sexe, de la beauté, le premier peigne passé dans la chevelure graissée, séduction.

— Philosophe allemand : « La maison de l'Être est un utérus qui poursuit au-delà de la naissance les conditions d'avant la naissance, d'avant même le langage, un utérus aménagé par la technique, bref une couveuse. »

— L'entrée dans la clairière comme avancement risqué de l'heure de la naissance, néoténie non pas autorisée mais imposée par une croissance prématurée du cerveau, donc de la tête entière, par un emballement de l'évolution dans une voie sans retour. Le petit sortait avant terme, encore embryon, ou c'est toute l'espèce qui y restait, dans l'utérus, du fait de ce développement incontrôlé de l'avant.

Il y a un prix à payer, mortalité infantile, mortalité maternelle aussi, au moins jusqu'au début du siècle dernier, puisque les progrès de la médecine ont changé la donne.

— Pas mal les antibiotiques, finalement.

— Ce sont les mâles qui meurent en premier aujourd'hui. Il n'existe pas d'antibiotiques contre le goût du risque, ou la castagne. Pour androstat, on laissera ça pour plus tard, quand les puritains, au bout de leur logique sans sexe, sinon sans peine, auront instauré la reproduction artificielle obligatoire. On te prend une bonne dose de paillettes à la puberté, et adieu génitoires. Tout le monde pourra devenir, sans risque, président des états-uniens. Changement dramatique que cette longévité féminine en quelques années, qu'on aille lire, sur les stèles des cimetières, la courte durée de vie des femmes du XIXe siècle. *Two on a tower*.

— Thomas Hardy ?

— Oui, Hardy.

— On l'oublie souvent, encore un coup des puritains, mais la sodomie sadienne n'était pas seulement une revendication de jouissance libre, sans perdre l'honneur – relire Thomas Hardy – mais aussi sans perdre la vie, celle des femmes. Lui non plus ne croyait pas à Dieu.

— La présidente : Vingt ans de forteresse ! Ça lui apprendra.

— L'agrandissement de la tête, certes, mais quand commence la tête, avec ce qu'elle contient, dans l'évolution ? Problème d'avant et d'arrière. Un gène *OTX2*, gène de développement, codant un facteur de transcription. Il existe aussi chez la mouche, un arthropode. Si on le retire chez la mouche, elle perd la tête ; pareil pour l'homme, anencéphalie par mutation d'*OTX2*. Et si on remplaçait le gène de mouche par le gène humain ? Ça marche, la mouche retrouve la tête. Et le gène de souris (chez l'homme ça ne se fait pas) par le gène de mouche ? Ça marche à condition qu'on ajoute les séquences régulatrices. Moralité : les gènes sont homologues à travers l'évolution et existaient avant la séparation entre arthropodes et vertébrés, 600 millions d'années déjà ! *OTX2* existe chez tous les animaux depuis que l'évolution a inventé l'avant et l'arrière. Il existe même chez les hydres.

Ce qui distingue, entre autres, les vertébrés entre eux est la taille de ce cerveau, en particulier de son avant, le télencéphale. Cette petite vésicule du cerveau antérieur existait chez les ancêtres des vertébrés, chez Amphioxus ou l'Ascidie, que Darwin déjà nous donnait comme ancêtres, mais elle s'est agrandie progressivement, avec un saut qualitatif dès qu'on arrive dans le genre *homo*, et une taille maximale, rapportée au poids, chez *sapiens*. Quand je parle de taille, je devrais dire surface, car contrairement aux cerveaux ganglionnaires des arthropodes, insectes et autres crustacés...

— Darwin : Bernaches, ce sont des crustacés, pas des mollusques, c'est moi qui l'ai démontré.

— Le cerveau des vertébrés est une plaque, une feuille, qui, si elle devient trop grande, peut se plier, circonvolutions cérébrales, pour venir se caser dans la boîte crânienne. Et c'est quoi, cette boîte ? Essentiellement de l'ectoderme, c'est-à-dire quasiment du système nerveux, un dérivé de la crête neurale. La crête neurale, grande invention de l'évolution, 200 millions d'années, qui fournit, outre le système nerveux périphérique et d'autres éléments essentiels de l'organisme, l'enveloppe qui protège le cerveau et dont la taille augmente avec celle du cerveau. À moins que ce ne soit le contraire, que ce soit la taille de la boîte qui détermine celle du cerveau, comme si elle le sécrétait, fournissait les facteurs nécessaires à son développement. Emballement de la croissance, nécessité de sortir au plus vite de l'utérus, avant la maturité, avant qu'on ne reste coincé dedans, et toute l'espèce avec. Naissance de l'embryon, apparition de *sapiens* ; néoténie, nous y voilà.

— Darwin : « Il a souvent été objecté à de telles vues que l'homme est une des créatures les plus démunies et sans défense du monde... Nous devrions, cependant, garder à l'esprit qu'un animal de grande taille, force et férocité, et qui, comme le gorille, pourrait seul se défendre contre tous ses ennemis, aurait probablement, encore que non nécessairement, failli à développer ses instincts sociaux ; et c'est sa faiblesse qui pourrait avoir contrôlé chez l'homme l'acquisition des qualités mentales les plus hautes, comme l'amour et la sympathie pour ses compagnons. Donc, cela pourrait avoir été un immense avantage pour l'homme que d'avoir jailli d'une créature relativement faible. » (*Descendance de l'homme*, page 155.)

— Une fois dehors, au fœtus de se recruter une maison, c'est-à-dire de s'organiser une société couveuse. Ce sont la solidarité sociale, et la technique – l'habit, le feu, les outils – qui permettront la survie de l'embryon, de l'Homme. Le cerveau est donc bien « organe général de la clairière ». De plusieurs façons, d'abord par sa néoténie et sa capacité à se développer chez l'adulte, ensuite par sa capacité à développer les techniques, y compris celles qui augmentent ses propres capacités logiques – l'ordinateur aujourd'hui, demain les puces cérébrales de la neurobotique. Enfin, surtout, par sa capacité à être son propre milieu intérieur, à développer une conscience de soi, une conscience réfléchie sur elle-même.

Darwin est fasciné par le cerveau des enfants, leur comportement, comment ils apprennent, à chaque fois il prend des notes.

— Claude Bernard : Expérience, Expérience, Expérience.

— Darwin : « Le très intéressant compte-rendu de M. Taine sur le développement d'un enfant, traduit dans le dernier numéro de *Mind* (page 252), m'a conduit à revenir sur un journal que j'ai tenu, il y a 37 ans, concernant mes propres enfants. J'avais là une occasion excellente pour observer de près et noter par écrit toutes mes observations. Mon objet principal était l'expression et mes notes ont été utilisées dans le livre que j'ai écrit à ce sujet ; mais comme je m'intéressais aussi à d'autres aspects, il se pourrait que mes observations aient quelqu'intérêt à être comparées à celles de M. Taine, et à d'autres qui seront sans aucun doute faites dans le futur. Je suis convaincu, de ce que j'ai vu sur mes propres enfants, qu'il apparaîtra que les périodes de développement de plusieurs facultés diffèrent considérablement entre les enfants… »

— Petites variations ? Sélection naturelle ? Darwin y pense, même pour l'Homme.

— Darwin : « La première action qui montra, autant que j'ai pu l'observer, une sorte de raisonnement pratique, a déjà été notée. Il s'agit de sa façon de glisser sa main vers la base de mon doigt, pour en mettre l'autre extrémité dans sa bouche ; et cela s'est produit au 114e jour de sa vie. À l'âge de quatre mois et demi, il souriait de façon répétée à la vue de mon image et de la sienne dans un miroir et, sans aucun doute, les confondait avec des objets réels ; mais il montra du raisonnement en étant surpris, de toute évidence, d'entendre ma voix venir de derrière lui. Comme tous les enfants, il prenait beaucoup de plaisir à se regarder dans la glace et, en moins de deux mois, il avait parfaitement compris qu'il s'agissait d'une image ; en effet, si je faisais, très silencieusement, n'importe quelle grimace bizarre, il se retournait soudainement pour me regarder…

Un autre de mes enfants, une petite fille, à l'âge exact de un an, était loin d'être aussi avancée, et semblait perplexe à la vue de l'image dans le miroir d'une personne approchant par-derrière. Les singes supérieurs que j'ai testés avec un petit miroir se comportaient de façon différente ; ils plaçaient leurs mains derrière la glace et, ce faisant, démontraient une forme de raisonnement mais, loin de prendre plaisir à se voir, ils se mettaient en colère et cessaient de regarder dans le miroir. » (« A Biographical Sketch of an Infant », *Mind*, n° 7, juillet 1877, page 285-294.)

— Soixante-treize ans plus tard, toujours dans la revue *Mind*, Alan M. Turing...

— 1912-1954

— ... s'intéresse aussi au développement, celui d'un autre type d'enfant, d'un ordinateur-enfant.

— Turing : « Au lieu de chercher à produire un programme qui simulerait un esprit adulte, pourquoi, plutôt, ne pas chercher à en produire un qui simulerait celui d'un enfant ? Si ce programme était soumis à une éducation appropriée, il devrait en résulter un cerveau adulte. On peut supposer que le cerveau-enfant est quelque chose comme un carnet de notes qu'on peut acheter chez le papetier. Un mécanisme limité et plein de feuilles blanches. (Mécanisme et écriture sont de notre point de vue presque synonymes.) Notre espoir est qu'il y a si peu de mécanisme dans un cerveau-enfant qu'une telle chose est aisément programmable. Nous estimons la quantité de travail pour l'éduquer, en première approximation, à peu près égale à celle nécessaire pour éduquer le petit d'homme.

Nous avons donc divisé le problème en deux parties. Le programme-enfant et le processus d'éducation. Les deux restent intimement connectés. Nous ne pouvons pas nous attendre à trouver une bonne machine-enfant du premier coup. On doit expérimenter sur la façon d'enseigner à une telle machine et évaluer ses capacités d'apprentissage. On peut alors en essayer une autre et voir si elle est meilleure ou pire. Il existe un rapport évident entre ce procédé et l'évolution, à travers les identifications suivantes :

Structure de la machine-enfant = matériel héréditaire

Changements = mutations

Sélection naturelle = jugement de l'expérimentateur

On doit espérer, cependant, que ce procédé sera plus expéditif que l'évolution. La survie du plus adapté est une méthode lente pour mesurer les avantages. L'expérimentateur, par l'exercice de son intelligence, devrait être capable de l'accélérer. Également important est le fait qu'il n'est pas restreint aux hasards des mutations. S'il peut identifier la cause d'une faiblesse, il pourra probablement penser à un type de mutation qui y remédiera. » (A. M. Turing, « Computing machinery and intelligence », *Mind*, volume 59, page 433-460, 1950.)

— Logique de la pensée, une logique du développement ? À suivre. Oui, à suivre.

— Philosophe allemand : « Pour l'essentiel, les temps modernes sont l'époque où l'on sort de la maison de l'Être. C'est l'heure du crime du monstrueux. » (*L'Heure du crime*, page 208.)

— À quelle vitesse y sommes-nous entrés dans la clairière ? Un bond de la jungle au sable, ou au gazon ? La savane comme clairière. Un bond ou une lente acclimatation ? Mais la frontière est toute fine, 1 % sépare notre génome de celui du chimpanzé et nous avons aussi des fragments de gorille, même si l'ancêtre est plus lointain, 6 à 8 millions d'années et non 4 ou 5. Chimère génétique, puzzle à déchiffrer. Mais si *sapiens* est né il y a cent mille ans, s'il s'est mis à parler après sa séparation d'avec les néandertaliens, cela donne 50 000 ans à une petite colonie de 10 000 individus pour envahir le monde de ses 6 milliards de descendants. Et quand on sait le nombre des morts, les hauts et les bas de l'épopée, ça tient du miracle. La survie de l'humanité, là est le miracle, plus encore que dans sa naissance. La variation interindividuelle, chère à Darwin, peut-elle expliquer une telle rapidité d'évolution ? L'élevage permet de sélectionner de drôles de bêtes. Qui dirait qu'un chien-loup peut s'accoupler avec un pékinois ?

— La même espèce ?

— Oui, la même espèce.

— Et le néandertalien, la même espèce que nous ? Pour le savoir, faudrait qu'il soit encore avec nous, faudrait coucher. Si ça fait des petits, c'est la même espèce. Mais comme ils ont disparu ! Génocide ? On ne saura jamais. *Sapiens* est seul. Plus quelques singes. La vitesse d'évolution du cerveau humain, du jamais-vu, des 300 cm^3 de Lucy ou de Toumai, à nos 1 500 cm^3, 1 200 cm^3 en 5 millions d'années. Et tout d'un coup le langage, démarrage en trombe il y a 50 000 ans. Les néandertaliens, je vous laisse sur place, j'y suis dans la clairière et pas dans la bicoque de l'Être, mais dans le Palais de la Découverte.

La science ne pense pas ? Mon œil, oui ! Un immense cerveau technique, hors de nous pour l'instant, demain peut-être intégré au cerveau. Qui voudrait se promener en poussant son appareil à dialyse, ou son poumon d'acier ? Un cas démesuré d'hypertélie. Biologique d'abord, puis culturel et technique. Non seulement des défenses de mammouth, enroulées comme des circonvolutions cérébrales, mais des prothèses énormes comme on en avait jamais vu. Et des comme ça, t'en as déjà vu des comme ça ? Nos circonvolutions, c'est déjà pas du pipeau, mais les outils qu'elles sécrètent, mazette ! Et puis énormes, est-ce bien sûr ? Avec nos yeux de primates mal dégrossis, mal dénaturés, peut-être bien. Mais on devrait pouvoir faire mieux, on fera mieux et plus subtil, si subtil qu'il n'y paraîtra pas, mille cerveaux miniaturisés et connectés directement avec le cerveau primitif, multipliant notre puissance d'interaction avec les autres humains, voire les non-humains. La science ne pense pas ? C'est ce qu'on va voir.

D'où il ressort que si le singe en moi a longtemps tourné autour de la clairière, avec, ici ou là, de petites améliorations, 1 500 cm^3 ce n'est pas rien, il s'est produit un changement minime mais décisif, dialectique du saut qualitatif, avec retombée dans la clairière. Bascule dans la culture et la technique. Fin de l'âge d'or : ici commence la douleur, la pensée et la mort anticipée. Le singe a basculé du mauvais côté, chassé du paradis du beau bien, c'était le bonheur, pour entrer, d'un saut, dans le monde des hommes.

Claire conscience du néant, hypertélie bien réelle, risque de se révolter contre nos gènes, grève de la reproduction et fin de l'espèce. De la reproduction, pas du sexe, revendication de bestialité, mais aussi d'humanité. Vous avez déjà entendu un singe déclarer : « Ce soir je fonde une famille » ? Non, le singe il y va parce que ça le titille au niveau de l'hypothalamus, sans se poser de questions, le reste suit, quelques mois plus tard. Nous aussi, on a un hypothalamus, hormones et tout le tintouin, pas une raison pour oublier son cortex. Nature/culture, hypothalamus contre cortex. Tout le monde perd à la fin. Le cortex, il a inventé les préservatifs, la pilule, la vasectomie, et même l'abstinence. Ça ne rigole pas.

Vivre entre deux néants, religion, pouvoir, drogues. Religion et pouvoir, les deux premières causes de mortalité dans l'histoire d'une humanité en manque de sens.

— En manque ?

— Oui, en manque.

— Ma drogue à moi, c'est la famille. Je donne un sens à ma vie.

— T'as du temps à perdre.

— Alternative à la grève contre les gènes, celle contre le cortex. Ce parasite qui prend toute la place, finit par nous bouffer de l'intérieur, une vraie drogue ce cortex, tu y goûtes et tu ne peux plus t'en passer, l'idée même de le perdre te rend malade.

— En manque ?

— Oui, en manque.

— Et tout ça parce que l'évolution a inventé le cerveau feuille, la plaque neurale, un truc qui peut croître indéfiniment et que je peux toujours plier pour le caser dans ma boîte. Crânienne, la boîte, et inventée en même temps que la plaque. Crête neurale. Plaque plus crête, 200 millions d'années et au bout il y avait *sapiens*. C'est moi.

Alzheimer, Alzheimer, plus terrible que la mort. Et pourtant ça doit être bon de sortir de la clairière. Une petite marche arrière ? Un petit bond d'acrobate. Et hop, dans les bois.

Il n'y a plus de bois, mon vieux, même en Amazonie, ils ont disparu tes bois. Déboisement généralisé. La clairière à perte de vue. Entourée de zoos, avec un allumé « unibomber » qui a planté sa cabane avec des photos de zèbres, en plein milieu de la clairière, un militant de la marche arrière, déjanté maximal. Il n'y a pas de marche arrière, tu es sur le *Titanic*, l'iceberg il est là, droit devant. Révise tes cantiques, il y a un festin en vue pour les crabes.

Suicide collectif ? Destin accompli, mon général.

Dans ces conditions, le cerveau, une machine logique ? En plein conflit hypothalamo-cortical, diencéphale contre télencéphale, après 100 000 ans d'histoire humaine, qui peut encore croire en une fiction pareille ? L'évolution n'est pas horlogère, l'aventure est sans but, sans fin et sans finalité, erratique et folle. Il n'y a pas de lois dans la nature, tout juste des phénomènes qui obéissent à des lois que nous avons inventées pour en rendre compte et qui sont contingentes, sinon la science se fige.

— En religion ?

— Oui, en religion.

Même Turing, après avoir résolu le « Entscheidungsproblem », revendique le passage à l'intuition pour penser l'incalculable, avec vérification ultérieure par les conséquences. Même Turing le découvre, hormones aidant.

— Androstat ?

— Oui, androstat, castration chimique, ça lui apprendra.

Et il l'a appris, que le cerveau n'était pas une machine, non sans en tirer les conséquenccs. Un, il devient biologiste en 1952. Deux, il se suicide en 1954, pas en débranchant la machine ou en s'électrocutant, en mangeant une pomme empoisonnée. Revanche du vivant sur la machine.

Sauf parti pris idéologique et sectarisme philosophique, plus personne ne peut sérieusement prétendre que le cerveau est une machine au sens de la machine de Turing, qui lui-même avait des doutes. Plus personne ne peut s'autoriser à ignorer le cerveau, le vrai cerveau, pas un cerveau-machine, mais un cerveau de nerfs, de sang et d'hormones. La génétique du développement, alliée à la théorie de l'évolution, nous a restitué la démarche physiologique, a permis d'ouvrir et de disséquer la boîte noire, d'amener l'invisible à la lumière, accomplissant, enfin, la prédiction du physiologiste annonçant la victoire du vivant sur le canard de Vaucanson.

— Claude Bernard : « J'admets parfaitement que lorsque la physiologie sera assez avancée, le physiologiste pourra faire des animaux et des végétaux nouveaux comme le chimiste produit des corps qui sont en puissance, mais qui n'existent pas dans l'état naturel des choses… On fait déjà des modifications, soit végétales, soit animales, au point de vue de la zootechnie ou du jardinage, mais c'est empiriquement qu'on les a faites jusqu'à présent comme on faisait autrefois de la métallurgie ou de l'optique empirique avant d'avoir la science. Mais la physiologie devra agir scientifiquement pour opérer toutes ces modifications et se rendre compte de ce qu'elle fait *parce qu'elle connaîtra les lois intimes de la formation des corps organiques, comme le chimiste connaît les lois intimes de la formation des corps minéraux.* C'est donc dans la loi de la formation des corps organisés qu'agit toute la science biologique expérimentale. » (*Principes de médecine expérimentale*, page 85.)

— Revanche du vivant donc, mais pour combien de temps ?

— Qui ne pressent que l'alliance de l'homme et de la technique, omniprésente, devra se poursuivre dans le développement de chimères d'un nouveau type, de nouveaux alliages entre le vivant et la machine. Ces formes nouvelles existent déjà. Supprimez les ordinateurs, pour voir ; mais elles sont primitives. Il ne s'agit pas de science-fiction, mais d'un mouvement en marche dans la cité scientifique. La logique des machines et celle du vivant devront se confronter et inventer des formes nouvelles.

Même si cela peut sembler un peu flou, et ça l'est, ça nous changerait des programmes actuels de recherche, tous identiques. Et je te localise un gène, et je te le clone, et je te le fais sauter (perte de fonction), et je te le surexprime (gain de fonction), et je te cherche les gènes corégulés (puces à ADN), et je te recherche les sites d'expression (hybridation in situ), et je te caractérise la protéine et les protéines associées (spectroscopie de masse), et... Pouce ! Pouce ! J'ai sorti le train d'atterrissage, avant le retour au hangar, une fois encore, une dernière fois, travailler en accord avec une certaine idée de la science. Encore un instant, un instant seulement, rêver, imaginer, se faire plaisir.

— Haute couture ?

— Oui, c'est cela, haute couture, pas le prêt-à-porter, ni le bodygraphe de la Samaritaine de mon enfance.

Éditorialiste qui a lu *Nature* (« Remote control [news feature] », *Nature*, 423, 796-798, 2003) : « Les militaires, qui – eux – voient loin, savent rêver. C'est que leur boulot n'est pas de gagner de l'argent mais d'en dépenser. Ça n'a l'air de rien, mais ça fait une drôle de différence avec l'industriel de base ou les agences étatiques de financement de la recherche, qui en veulent toujours pour leur argent. Et vite s'il vous plaît. Encore que l'investissement scientifique dans le domaine des Interfaces Cerveau-Machine (BMI pour *Brain Machine Interface*) a des espérances et que cela n'a pas échappé aux industriels, pas forcément plus aveugles que les militaires, moins riches c'est tout.

L'agence pour les projets de recherche avancés de la Défense nationale américaine (la DARPA) a distribué, en 2002, 24 millions de dollars pour des projets d'une durée limitée à 2 ans et consacrés au développement de technologies d'interfaçage entre cerveau et machine. Les militaires sont imaginatifs. "À long terme, nous pourrions développer des communications de cerveau à cerveau et améliorer les performances d'individus en bonne santé." »

— Claude Bernard : « Il n'y a pas une physiologie pour les phénomènes pathologiques et une pour les phénomènes normaux, pas plus qu'il n'y a une physique pour détruire les maisons et une pour les construire. »

— Tout ce qui sert à améliorer la santé des malades peut aussi être utilisé pour développer les facultés des individus bien portants. La pharmacologie a ouvert la voie. Nombreux sont les étudiants qui, dans les années 1960, ont utilisé le maxiton, des amphétamines, pour stimuler leurs capacités d'attention en période d'examen. Une étude récente menée aux États-Unis rapporte que, sur certains campus, ce sont 16 % des étudiants qui prennent des drogues, méthylphénidate ou dextro-amphétamine, normalement destinées aux enfants hyperactifs souffrant d'un déficit d'attention.

Ce qui est vrai de la pharmacologie peut l'être des interventions qui consisteraient à utiliser des artefacts : électrodes de stimulation, puces, alliages silicium/neurones, pour améliorer nos performances motrices, sensorielles, cognitives, libidinales, nos cycles veille/sommeil au-delà de ce qui serait requis pour faire face à des situations pathologiques.

Nous connaissons un cas, déjà, d'intervention électrophysiologique sur un comportement. Il s'agit des implantations d'électrodes dans le noyau sub-thalamique comme traitement de la maladie de Parkinson. Le patient s'auto-stimule et récupère une coordination motrice ; dans certains cas, spectaculaire.

Alors pourquoi s'alarmer à l'idée de conduire un avion supersonique, ou un véhicule utilitaire, en temps réel, depuis sa chambre ? Ou de visiter un musée à New York sans quitter son village ? Ou d'entrer en contact réel et cortical avec un autre humain, ou son chien, à travers des puces implantées dans le cortex ? Pourquoi refuser d'abolir la distance physique par l'interaction, le frottement, des représentations somato-sensorielles, homunculus contre homunculus ? Ce serait quand même autre chose que la frustration téléphonique ou les plaisirs solitaires. Pourquoi s'interdire l'accès à toutes les langues, les bibliothèques ou cinémathèques en réponse à la seule décision volontaire de son propre cortex ?

Au nom de quelle loi de la nature quand nous savons bien, depuis l'évidence de sa nudité, que le destin de l'Homme est un destin technique ? Un jour, le plus tôt sera le mieux, les machines qui nous sont extérieures – ordinateurs, téléphones – nous paraîtront aussi antédiluviennes et encombrantes qu'un poumon d'acier ou un appareil à dialyse. On en rigolera comme une prothèse cochléaire d'un cornet acoustique.

Le problème est de connecter le cerveau à une machine qui lit ses volitions. Exemple du rat qui ouvre le robinet par la force de la pensée. Des électrodes implantées dans les aires corticales motrices du rat enregistrent 46 neurones pendant que le rat apprend à manœuvrer un levier qui distribue une ration d'eau sucrée. Puis on coupe la connexion entre le levier et la boisson. Frustration, le rat appuie sur le levier avec frénésie mais ne reçoit de l'eau que lorsque les 46 neurones répètent les signaux déjà enregistrés par l'expérimentateur au cours de la séance d'apprentissage. En quelques heures, le rat apprend à ouvrir le distributeur par la seule force de la pensée.

— Alors à suivre ?

— Oui, à suivre.

Matériaux Darwin 3

L'ANATURE HUMAINE

— Darwin, citant Greg : « L'Irlandais, sans soin, dégoûtant et sans ambition se multiplie comme un lapin. L'Écossais, frugal, prévoyant, respectueux de soi et ambitieux, sévère dans sa moralité, spirituel dans sa foi, sagace et discipliné dans son intelligence, passe ses meilleures années à se battre, reste longtemps célibataire, se marie tard, et laisse peu de descendants derrière lui. Étant donné une Terre originellement peuplée de mille Saxons et de mille Celtes, en une douzaine de générations, les cinq sixièmes de la population seraient celtes, mais les cinq sixièmes des biens et du pouvoir intellectuel seraient aux mains du sixième de Saxons encore présents. Dans l'éternelle "lutte pour l'existence", ce serait la race inférieure et le moins favorisée qui l'emporterait et ce non en vertu de ses bonnes qualités mais de ses défauts. » (*Descendance de l'homme*, page 174.)

— Question récurrente, l'homme évolue-t-il toujours ? Les petites variations interindividuelles donnent-elles prise à la sélection naturelle ? Ou bien les solutions au changement du milieu, les adaptations, sont-elles désormais d'ordre uniquement technologique ? Pire, ou mieux, l'homme peut-il diriger rationnellement son évolution, inventer une espèce nouvelle ?

Question idéologiquement piégée, avec l'inné bien de droite et l'acquis bien de gauche. L'acceptation sociale de la théorie darwinienne, Darwin est quand même enterré à Westminster, s'explique, en partie, par la période historique, révolution industrielle et colonialisme. La survie du mieux adapté, ou sa domination, justifie la division en classes.

— Darwin : « Je revendique l'existence des races, mais ne suis pas raciste. Je suis contre l'esclavage. Je l'ai écrit à Asa en 1861 : "Quelques-uns, et je suis du nombre, souhaiteraient même que le Nord (des États-Unis) engageât une croisade contre l'esclavage, le sacrifice dût-il même coûter la vie à des millions d'hommes. En fin de compte, la cause de l'humanité serait une ample compensation pour un million d'horribles morts. Temps extraordinaire que celui où nous vivons ! Le Massachusetts semble témoigner d'un noble enthousiasme. Grand Dieu ! comme j'aimerais la voir abolie, cette malédiction grande entre toutes : l'esclavage." » (Lettre à Asa Gray du 5 juin 1861, page 256.)

— Il reste que Darwin a fondé son analyse, non seulement sur les populations animales naturelles, mais aussi – sa théorie doit beaucoup à cette activité – sur les populations domestiquées et la sélection des caractères utiles à l'homme, par les croisements répétés des individus qui les portent. Et comme l'homme est un animal, qui plus est ne vivant pas dans l'état de nature (Darwin est aussi anthropologue, comme nous le rappellent ses observations sur les tribus rencontrées au cours du voyage du *Beagle*), alors il faut bien en tirer les leçons quant aux comportements sociaux humains et leurs conséquences pour l'avenir de notre espèce. Ce qui signifie que la question de l'eugénisme et de la sélection sexuelle, d'où la question du mariage présente en filigrane, joue un rôle important dans le dispositif darwinien.

L'idée de Darwin selon laquelle les variations intellectuelles et morales sont héritables, ce qui peut être discuté, et que l'homme est encore objet de la sélection naturelle par les mêmes forces qui l'ont graduellement fait passer de préhumain à humain, ce qui est, ce coup-ci, plus que discutable (voir plus haut), le conduit nécessairement à envisager des vues eugénistes. De telles vues ont été proposées principalement par Galton, et par Haeckel dont cet aspect de l'œuvre a alimenté la propagande raciste nazie, ce qui ne fait pas de Haeckel, mort en 1919, un nazi. Darwin, confronté à cette question morale, objectait l'impossibilité de décider des qualités à conserver et aussi la difficulté de mesurer certaines facultés. Il valait mieux, pour lui, s'abstenir d'intervenir. En fait (*Descendance de l'homme*, page 169), l'idée lui semble dangereuse, contraire à l'éthique, mais sans références religieuses. Quand il écrit la *Descendance de l'homme*, Darwin a cessé de croire. « Mais si nous décidions de négliger délibérément le faible et le sans défense, cela ne serait que pour un bénéfice contingent, avec la certitude d'un mal important et immédiat. »

— Darwin : « Chez les sauvages, le faible de corps et d'esprit est vite éliminé ; et ceux qui survivent montrent en général une vigoureuse santé. Nous, hommes civilisés, d'un autre côté, faisons de notre mieux pour contrôler le processus d'élimination ; nous construisons des asiles pour les idiots, les estropiés et les malades ; nous instituons des lois qui protègent les pauvres ; et nos médecins exercent tout le pouvoir de leur talent pour sauver la vie de chacun, jusqu'au dernier moment. Il y a des raisons de croire que la vaccination a sauvé des milliers de gens qui, de par leur faible constitution, auraient, dans le passé, succombé à la variole. Aussi, les membres faibles des sociétés civilisées se reproduisent-ils. Nul qui a exercé l'élevage des animaux domestiques ne peut douter que cela doit être au détriment de la race humaine. Il est étonnant de constater avec quelle rapidité l'absence de soins, ou des soins prodigués mal à propos, mènent à la dégénérescence d'une race domestique ; mais, excepté pour l'homme lui-même, nul, pratiquement, n'est ignorant au point de permettre à ses animaux les pires de se reproduire. L'aide que l'homme sent devoir apporter au démuni est surtout la conséquence de son instinct de sympathie qu'il a acquis comme une part de ses instincts sociaux, et qui, par la suite, de la façon que j'ai déjà indiquée, s'est attendri et largement répandu. Pas plus pourrions-nous contrôler notre sympathie, si nous y étions intimés par une froide raison, sans porter atteinte à l'art le plus noble de notre nature. » (*Descendance de l'homme*, page 168.)

— Ambiguïté du grand homme. On sent l'influence de Malthus, les idées brassées à Londres chez Erasmus, Eras le grand frère, ami – plus qu'ami ? – d'Harriett Martineau, *Whig* et malthusienne, grande militante de la « *Poor law* », loi pour les pauvres. Ils se reproduisent trop, les pauvres, comme des Irlandais – voir plus haut –, alors assez de charité ; laisser faire la sélection naturelle.

En période de crise économique, les pauvres doivent se battre pour le boulot, ça fait baisser le coût du travail en manufacture et les perdants, ils meurent. Ou alors embarquement pour les colonies, Amérique, Australie, Nouvelle-Zélande... Tant pis pour les Indiens et vive l'Angleterre, le bourgeois anglais, sommet de l'évolution, chauvin avec ça. Dernière solution, les asiles pour pauvres, mais avec séparation des conjoints, histoire d'éviter la reproduction. C'est ça, la loi pour les pauvres, même les anglicans *Tories* de *Oxbridge* sont plus humains. Idéologie ad hoc de la révolution industrielle, de l'aventure coloniale. Enterré à Westminster, M. Darwin, c'est quand même pas rien pour un révolutionnaire, non ?

— Il n'aime pas les pasteurs, Darwin, ni les curés...

— Moi non plus.

— Mais pas pour les mêmes raisons ; lui, c'est au nom de la sélection naturelle, pour crime de lèse-espèce.

— Tu n'y vas pas un peu fort, là ?

— Darwin : « En cette période lointaine, comme l'a remarqué M. Galton, presque tous les hommes de nature douce, ceux adonnés à la méditation ou à la culture de l'esprit, n'avaient d'autre refuge que le sein d'une Église qui exigeait le célibat ; et cela ne pouvait manquer d'avoir des conséquences négatives au cours des générations qui se succédaient. Pendant la même période, la Sainte Inquisition sélectionnait, avec un soin extrême, les hommes les plus libres et courageux pour les brûler et les emprisonner. Dans la seule Espagne, quelques-uns des hommes les plus talentueux, ceux qui s'interrogent et qui doutent – et en absence de doute il ne peut y avoir de progrès –, ont été éliminés pendant trois siècles au rythme de mille par an. Le mal que l'église catholique a ainsi produit, encore que certainement contrebalancé jusqu'à un certain point, peut-être même important, par d'autres voies, est incalculable ; néanmoins l'Europe a progressé de façon qui ne connaît pas de parallèle. » (*Descendance de l'homme*, page 179.)

— Le point de vue actuel serait que l'Homme, depuis qu'il est *sapiens*, donc depuis 100 000 ans, n'est plus objet de la sélection naturelle. Non pas parce qu'il est un animal domestiqué, par lui-même, mais parce que les réponses aux variations de l'environnement, ou les anticipations sur ces variations, se font techniques, les mutations – sauf élimination par eugénisme – deviennent neutres du point de vue de l'évolution. Là est la première forme de manipulation, une domestication qui élimine la sélection naturelle. Rappelons que la sélection naturelle se faisant sur la base de la sélection des descendants, une espèce chez qui les géniteurs se mettent à deux pour en fabriquer deux ou trois sera en mal de produire un nombre assez élevé de variants donnant prise à la sélection naturelle.

En réalité, l'arrivée des vertébrés correspond à la sélection de stratégie de développement, en particulier du développement cérébral, qui fait porter de plus en plus, l'adaptation sur l'évolution de l'individu et de la société sur une individuation qu'on désigne sous le terme d'épigénétique et qui se renforce par les interactions sociales. De ce point de vue, *sapiens* est particulièrement bien placé. L'invention du langage, le développement de la culture et les inventions techniques dont son histoire est jalonnée, le tout dans un rapport évident avec la taille et la plasticité de son cerveau, ont sorti l'Homme de la nature. C'est donc par nature, à la suite de la sélection naturelle de ces stratégies de développement et d'adaptation, que l'homme est sorti de la nature.

L'homme est un animal « anature par nature », l'anthropotechnie est un élevage, mais sans sélection naturelle, on ne sélectionnera pas les petites variations, on laissera aller. Aux moyens tendres de l'évolution naturelle ou par croisements, comme les pratiquent les agriculteurs ou les marieurs (bien choisir son conjoint, obsession darwinienne), on opposera les moyens durs (le silex comme origine, le silicium comme aboutissement actuel), depuis la manipulation génétique scientifique (on agit directement sur les gènes) à la puce informatique implantée dans le tendre du corps, cerveau compris.

Darwin n'aimait pas Lamarck, pas seulement pour des raisons scientifiques. Lamarck est un rouge, rouge vif, rouge Révolution française, rouge esprit des lumières, pour le *Whig* comme pour le *Tory*. Napoléon non plus n'aimait pas Lamarck, pas plus que Cuvier. Seul, Lamarck, aveugle guidé par sa fille…

— Antigone ?

— Oui, Antigone.

— ... à donner ses cours au Muséum, devant quatre auditeurs, dont Geoffroy Saint-Hilaire.

— Trop d'imagination, Lamarck. Pas sérieux.

— Oui, ça doit être ça.

— Lamarck : « L'*imagination* est cette faculté créatrice d'idées nouvelles que l'organe de l'intelligence, à l'aide des idées qu'il exécute, parvient à acquérir, lorsqu'il contient beaucoup d'idées et qu'il est habituellement exercé à en former de complexes...

Une vérité bien constatée par l'observation et l'expérience, c'est qu'il en est de l'organe de l'intelligence comme de tous les autres organes du corps ; plus il est exercé, plus il se développe, et plus ses facultés s'étendent.

Ceux des animaux qui sont doués d'un organe pour l'intelligence manquent néanmoins d'*imagination* ; parce qu'ils ont peu de besoins, qu'ils varient peu leurs actions, qu'ils n'acquièrent en conséquences que peu d'idées, et surtout parce qu'ils ne forment que rarement des idées complexes, et qu'ils n'en forment jamais que du premier ordre.

Mais l'homme qui vit en société a tant multiplié ses besoins qu'il a nécessairement multiplié ses idées dans des proportions qui sont relatives ; en sorte qu'il est, de tous les êtres pensants, celui qui peut le plus aisément exercer son intelligence, celui qui peut le plus varier ses pensées, enfin celui qui peut se former le plus d'idées complexes ; aussi a-t-on lieu de croire qu'il est le seul être qui puisse avoir de l'*imagination*...

L'*imagination* est une des plus belles facultés de l'homme ; elle ennoblit toutes ses pensées, les élève, l'empêche de se traîner dans la considération de petites choses, de menus détails ; et lorsqu'elle atteint un degré très éminent, elle en fait un être supérieur à la grande généralité des autres.

Or, le génie, dans un individu, n'est autre chose qu'une grande imagination, dirigée par un goût exquis, et par un jugement très rectifié, nourrie et éclairée par une vaste étendue de connaissances, enfin, limitée, dans ses actes, par un haut degré de raison...

Pour moi, je pense que la littérature, ce beau résultat de l'intelligence humaine, est l'art noble et sublime de toucher, d'émouvoir nos passions, d'élever et d'agrandir nos pensées, enfin de les transporter hors de leur sphère commune. Cet art a ses règles et ses préceptes ; mais l'*imagination* et le goût sont la seule source où il puise ses plus beaux produits...

Les choses étant ainsi, autant l'*imagination* est utile, indispensable même en littérature, autant elle est à redouter dans les sciences ; car ses écarts, dans la première, ne sont qu'un manque de goût et de raison, tandis que ceux qu'elle fait dans les dernières sont des erreurs ; en sorte que c'est presque toujours l'*imagination* qui les produit, lorsque l'instruction et la raison ne la guident pas et ne la limitent pas ; et si ces erreurs séduisent, elles font à la science un tort qui est souvent fort difficile à réparer.

Cependant, sans *imagination*, point de génie ; et sans génie, point de possibilité de faire des découvertes autres que celles des faits, mais toujours sans conséquences satisfaisantes. Or, toute science n'étant qu'un corps de principes et de conséquences, convenablement déduits de faits observés, le génie est absolument nécessaire pour poser ces principes et en tirer ces conséquences ; mais il faut qu'il soit dirigé par un jugement solide, et retenu dans les limites qu'un haut degré de lumières peut seul lui imposer.

Ainsi, quoiqu'il soit vrai que l'imagination est à redouter dans les sciences, elle ne peut l'être cependant que lorsque la raison éminente et bien éclairée ne la domine pas ; tandis que, dans le cas contraire, elle constitue une des causes essentielles aux progrès des sciences. » (Lamarck, *Philosophie zoologique*, Garnier-Flammarion, page 610.)

— D'un point de vue génétique, les hommes sont essentiellement des singes d'Afrique. On s'en doutait un peu, mais la preuve est faite : génétiquement nous sommes des singes. Une si petite différence, 1,2 %, entre les séquences d'ADN de l'homme et du chimpanzé.

— Objection : On n'a que 20 % de différence avec la souris, de là à être des souris à 80 %...

— 80 % souris, 98,8 % chimpanzé. C'est plus un homme, c'est un zoo. La mesure génétique est-elle la seule à prendre en compte ? Ou de l'importance qualitative des petites différences.

Chimpanzé et aussi gorille ; si on a divergé du chimpanzé, il y a 5 millions d'années, le gorille ne nous a quittés qu'il y a 7 millions d'années, la différence est faible au regard des 3,5 milliards d'années depuis les bactéries ; aussi des ancêtres, les bactéries. Si pour la grande majorité des gènes nous sommes plus proches des chimpanzés que des gorilles, pour d'autres nous serions plutôt gorilles. Lesquels ? Le génome est une mosaïque, avec des fragments prélevés chez divers singes africains.

Le chimpanzé est si proche génétiquement que certains n'hésitent plus à le classer dans le genre *Homo*. *Homo pan paniscus*, *Homo pan troglodytes*. L'étude de nos gènes et de leurs variations permet aussi de proposer que nous venons tous d'Afrique. *Homo africanus*. Dix mille *sapiens*, pas plus, tous rassemblés en Afrique il y a quoi, 50 000 ? 100 000 ? 200 000 ans. Et aujourd'hui 6 milliards sur toute la planète.

Mais sur l'essentiel, le scientifique, une fois gommée la lutte idéologique et prise en compte la différence des dates, Lamarck est contemporain d'Erasmus Darwin, pas le frère mais le grand-père de Charles, auteur de *Zoonomia*, les savants se rejoignent sur l'idéal matérialiste et sur une origine de l'Homme qui se cherche au début de toute évolution organique. Une fresque grandiose de l'histoire du vivant.

— Darwin : « Donc nous avons attribué à l'homme un pedigree d'une longueur prodigieuse, mais pas, pourrait-on dire, de noble qualité. Le monde, cela a souvent été dit, semble s'être préparé de longue main à la venue de l'homme ; et cela, en un sens, est strictement vrai, car il doit sa naissance à une longue lignée de progéniteurs. Si un seul des liens de cette chaîne n'avait jamais existé, l'homme n'aurait pas été exactement ce qu'il est aujourd'hui. À moins que nous ne nous aveuglions volontairement, nous pouvons, avec nos connaissances actuelles, reconnaître approximativement notre parenté ; et nous n'avons nulle raison d'en concevoir de la honte. L'organisme le plus humble est une chose très supérieure à la poussière inorganique sous nos pieds ; et personne avec un esprit non biaisé ne peut étudier une créature vivante, quelque humble qu'elle soit, sans être frappé d'enthousiasme devant le merveilleux de sa structure et de ses propriétés. » (*Descendance de l'homme*, page 213.)

Matériaux Darwin 4

ON CROIRAIT CONFESSER UN MEURTRE

— Brecht : « LE MOINE TRÈS MAIGRE. Ils mettent sur le même plan la Terre natale de l'espèce humaine et un astre errant. Ils mettent dans le même sac l'homme, l'animal, la plante et la Terre, le tout sur un chariot qu'ils font tourner en rond dans un ciel vide. Terre et ciel, selon eux, n'existent plus. Plus de Terre parce qu'elle est un astre du ciel et plus de ciel parce qu'il est composé de terres multiples. Voici qu'il n'y a plus de différence entre le haut et le bas, entre l'éternel et le périssable. Que nous sommes périssables, nous le savons. Que le ciel l'est aussi, voilà ce qu'ils nous disent à présent. On pensait, et c'est écrit, qu'il y a le soleil, la lune, les étoiles, et que nous vivons sur la Terre ; mais désormais, la Terre, elle aussi, est un corps céleste pour cet homme-là. Il n'y a pas non plus l'homme et la bête, l'homme lui-même est une bête, il n'y a que des bêtes ! » (*La Vie de Galilée*, page 64.)

— Le développement technologique se trouve souvent à l'origine de nouvelles découvertes, ce qui pose la question du rapport entre ce qu'on voit, ou mesure, et une compréhension plus globale, d'ordre théorique, des objets. À vrai dire, dans toute recherche scientifique, la définition même de son objet est posée. C'est là sans doute une banalité mais, pour s'en tenir à la biologie, le développement des technologies qui permettent de « voir » dans la matière vivante et, donc, de multiplier les observations et les données, nous remet un peu dans la situation qui fut celle de nos grands ancêtres, des XVIIIe et XIXe siècles.

Les données rassemblées sur la variété des espèces mettaient les systématiciens dans la position de devoir les classer, mais aussi en face de faits incontournables, en particulier la conservation de plans d'organisation, non seulement au sein d'un même embranchement, les vertébrés par exemple, mais aussi entre embranchements. On sait que Geoffroy Saint-Hilaire avait proposé un plan d'organisation corporelle unique entre arthropodes et vertébrés, et la controverse sur ce point avec Cuvier – Goethe avait fait le déplacement – reste un grand classique de l'histoire des sciences. Bref, les données expérimentales marquaient les liens de parenté entre les espèces et suggéraient l'existence d'une origine commune aux différentes espèces vivantes.

Il y avait donc un problème de classification des données, de définition des espèces, de l'existence de formes intermédiaires (toute personne qui classe des objets sait qu'il arrive toujours un moment où on hésite sur le tiroir) et cette façon de pratiquer obligeait à se focaliser sur des types, en gommant les variations supposées mineures, dont – à l'évidence – les variations interindividuelles, dont l'importance pour le mécanisme de l'évolution, la sélection naturelle, et sexuelle, sera découverte par Darwin. Avant Darwin, on classait des images, affaire d'« Imago », image de l'espèce, son plan de construction en quelque sorte, en éliminant au maximum ce qui faisait désordre. Une des raisons, il y en a d'autres – voir plus haut – pourquoi Darwin s'insurge quand on le renvoie à Lamarck.

— Lamarck : « Que penseriez-vous d'un homme qui, voulant connoître la Géographie, s'obstineroit à se charger la mémoire du nom de tous les hameaux, des villages, des coteaux, des monts, des torrens, des ruisseaux et de tous les petits objets de détail qu'on peut rencontrer dans toutes les parties de la Terre ; et qui négligeroit, par suite des difficultés de son entreprise, de donner une attention principale à l'étendue des parties découvertes du globe, aux divisions et aux situations respectives de ces parties, à leurs climats, à l'avantage ou au désavantage de leur position, à la nature et la direction des grandes chaînes de montagnes, des fleuves et des rivières qui s'y trouvent... ? » (*Discours d'ouverture du cours de zoologie donné dans le muséum d'histoire naturelle*, Fayard, 1986.)

— La question du type et de l'individu continue de se poser avec le séquençage des génomes. Quand on parle de séquençage du génome humain, par exemple, mais c'est vrai du séquençage de tous les génomes, il s'agit de celui d'un individu (ou de quelques individus) qui sera pris comme type de l'espèce par les chercheurs ayant participé au travail. On peut en tirer des informations très importantes, en particulier en comparant avec d'autres génomes types, celui du chimpanzé ou du rat, on pourrait décliner ici le zoo tout entier. Les régions conservées, ou celles dont la modification marque une rupture évolutive, pensons aux mutations dans l'exon 7 de *FOXP2*, ou encore celles qui supportent des variations très fréquentes, toutes ces données peuvent être interprétées, un peu, mais avec des outils modernes, comme le faisaient Lamarck ou Lyell. Et cela n'est pas sans conséquences sur notre vision de l'évolution. Sur la base de ces informations des arbres généalogiques sont redessinés. C'est ainsi, par exemple, qu'il a été établi que le chimpanzé est plus proche de l'homme que du gorille et qu'il a été classé par certains dans le genre *Homo*, *Homo pan paniscus*, *Homo pan troglodytes*, changement de tiroir.

Il reste que pour définir un génome type, il faut peut-être, certainement même, avoir séquencé les génomes de plusieurs individus appartenant au même type, à la même espèce. Et c'est là que peut apparaître un deuxième facteur, celui de la variation interindividuelle, avec des représentations de certaines variétés dans des populations particulières, ou certains territoires, mais aussi des variations marquées d'individu à individu. Ces variations sont importantes pour notre compréhension du fonctionnement et de l'évolution des génomes, mais aussi pour leurs implications en matière de santé : susceptibilité à des agents infectieux, inégalité devant la maladie, réactivité à un médicament. Les industries pharmaceutiques ont pris la mesure de l'importance de cette variabilité interindividuelle pour la production de médicaments « personnalisés ». Cela n'a pas échappé non plus aux compagnies d'assurance. Mais c'est un autre débat.

En revanche, à travers ce bref rappel, ce qui ne peut que frapper est l'originalité de la démarche darwinienne. Darwin, le jeune Darwin, celui qui s'embarque sur le *Beagle*, est pré-darwinien dans le sens où, armé de la géologie de Lyell, il est à la recherche de types. Il s'intéresse à leur distribution, non seulement verticale, mais aussi horizontale. C'est un travail de géologue et de systématicien, les deux points de vue étant, en fait, difficilement séparables. Le problème du type intermédiaire, problème du tiroir en quelque sorte, se pose à Darwin avec les pinsons des îles Galapagos. L'histoire de cette variation est bien connue, non pas verticale (entre couches géologiques) mais horizontale entre le continent et entre les différentes îles qui en dérivent, archipel.

— Darwin : « Lorsque je vois ces îles si proches les unes des autres, et dont la population animale est infime, occupées par ces oiseaux, de structure légèrement différente alors qu'ils occupent la même place dans la nature, je dois soupçonner que ce ne sont pas des variétés... Si ces remarques ont le moindre fondement, la zoologie des Archipels vaudra la peine d'être examinée ; car de tels faits ruineraient la stabilité des espèces. » (*The Complete Correspondance of CD*, citée par Bowlby, page 213.)

— Rien que ça !

— Darwin : « Après mon retour en Angleterre, il m'est apparu, en suivant l'exemple de Lyell pour la Géologie, que rassembler tous les faits qui avaient à voir, d'une façon ou d'une autre, avec les variations des animaux et des plantes dans la nature et dans l'état domestiqué pourrait jeter quelque lumière sur le sujet pris dans son entier. J'ouvris mon premier carnet en juillet 1837. J'ai travaillé selon des principes purement baconiens, et sans aucune théorie, j'ai rassemblé des faits en masse, plus particulièrement concernant les productions domestiques, au moyen de questionnaires imprimés, de conversations avec d'habiles éleveurs et jardiniers, et par des lectures extensives [...]. J'ai vite compris que la sélection était la pierre angulaire dans la production par l'homme de races utiles d'animaux et de plantes. Mais comment la sélection pouvait s'appliquer à des organismes vivant dans l'état de nature m'est resté, pour quelque temps, un mystère. En octobre 1838, c'est-à-dire quinze mois après le début de mon enquête systématique, il se trouve que je me suis mis à lire, par distraction, le livre de

Malthus *"De la population"*. Et étant bien préparé à apprécier, du fait de mon observation, continue et de longue date, de la lutte pour l'existence qui se mène partout, j'ai été immédiatement frappé par le fait que, dans ces circonstances, les variations favorables tendraient à être préservées et les défavorables à être détruites. Il en résulterait la formation de nouvelles espèces. Là, du coup, je tenais, enfin, une théorie à suivre dans mon travail. » (*Autobiographies.*)

Darwin revient en Angleterre avec cette question des transitions graduelles et la solution qui lui apparaîtra plus tard, il raconte, on vient de le voir, que l'importance de la lecture de Malthus dans cette cristallisation de son invention est celle de la sélection sur la base des variations individuelles. Il y a là deux points dont l'importance a été souvent relevée mais sur lesquels il convient d'insister. Le premier est que, à partir de Darwin, les types deviennent des constructions théoriques, car seuls les individus existent dans la nature, et tous diffèrent entre eux, y compris au sein d'une même espèce. Le deuxième est que la sélection se fait sur la base de ces différences interindividuelles, et que, par conséquent, il y a une continuité de l'évolution par accumulation de petites variations sélectionnées.

Le deuxième point donc, est qu'il ne saurait, dans le schéma darwinien, y avoir de ruptures ou de sauts dans l'évolution. Si des formes intermédiaires manquent, ce n'est pas parce qu'elles n'ont jamais existé, mais parce qu'elles ont disparu. Ce dogme gradualiste a été sanctifié par la théorie synthétique de l'évolution et la génétique des populations, avant d'être remis en cause par les tenants de l'évolution par sauts et la distinction faite entre l'évolution à l'intérieur d'une même espèce, et l'évolution qui fait passer d'une espèce à une autre. Rappelons que Huxley lui-même, le « bulldog » de Darwin, considérait que celui-ci s'était embarrassé d'une difficulté inutile en posant que la « nature ne fait pas de sauts ».

Mais on ne peut se garder de penser que Darwin nous raconte un peu des histoires, ou s'en raconte, quand il prétend n'avoir été guidé par aucune théorie. Il a, plus probablement, eu peur d'afficher la couleur, peur d'être rangé parmi les transmutationnistes lamarckiens, d'être mis au ban de la société anglicane dont dépend sa carrière, de se trouver privé, non seulement des honneurs auxquels il aspire, mais aussi de sa liberté. Peur de mettre en danger sa découverte en la dévoilant trop tôt, « on croirait avouer un meurtre ». Et il gardera son secret jusqu'en 1857, alors qu'il est forcé de sortir du bois, de crainte d'être « scoopé » par le jeune Arthur Wallace qui lui a envoyé un manuscrit dans lequel il lit, avec angoisse, les principaux éléments de sa propre théorie. La première communication de la théorie est d'ailleurs publiée avec Wallace. La théorie est celle de Darwin-Wallace, même si, preuve à l'appui, Darwin peut démontrer, et Wallace ne la contestera jamais, son antériorité.

C'est que la période est violente, et la lecture de la biographie de Darwin par Desmond et Moore est éclairante sur cette violence, réelle, pas seulement universitaire, de la situation politique de l'Angleterre du milieu du XIXe siècle. En fait, Darwin a bien une petite idée derrière la tête. Sa fréquentation assidue, à son retour du « Voyage », de son frère Erasmus et des cercles malthusiens laisse supposer que cette lecture de Malthus n'a pas été le fruit d'un hasard venant mettre de l'ordre dans ses idées en lui fournissant une théorie.

— Darwin : « Laissez la théorie guider vos observations, mais avant que votre réputation ne soit bien établie, soyez économe en publications théoriques. Elles feront douter de vos observations. » (Introduction de *La Descendance de l'homme*, cité par Bonner et May.)

— En fait, Darwin a probablement, dès son retour, ou peu après son retour, c'est l'affaire de deux ou trois ans, plus de 20 ans avant la publication de l'*Origine des espèces*, plus de 30 ans avant celle de la *Descendance de l'Homme*, une théorie et une représentation cohérente du monde vivant qui diffèrent, et pas qu'un peu, de celle de l'*Ancien Testament*. Et même en 1859, ça n'allait pas de soi, ni sans risque. Qu'on lise la lettre que lui adresse un de ses collègues géologue, Adam Sedgwick, après avoir reçu l'*Origine* : « J'ai lu votre livre avec plus de peine que de plaisir. J'en ai grandement apprécié certaines parties, d'autres m'ont fait m'écrouler de rire au point d'en avoir les côtes endolories ; mais il en est d'autres que j'ai lues avec un profond chagrin parce que je les crois totalement fausses et affreusement perverses. » (*More letters of CD.*)

— Le révolutionnaire avance donc masqué. On ne doit pas forcément lui donner tort ; après tout, à l'aune de l'histoire des idées, sa stratégie – c'en était une et bien pensée – s'est avérée gagnante.

Matériaux Darwin 5

LA PART DU RISQUE

— François Jacob : « Je crois que le cerveau humain a une exigence fondamentale : celle d'avoir une représentation unifiée et cohérente du monde qui l'entoure, ainsi que des forces qui animent le monde. Les mythes comme les théories scientifiques répondent à cette exigence humaine. Dans tous les cas, et contrairement à ce qu'on pense souvent, il s'agit d'expliquer ce qu'on voit par ce qu'on ne voit pas, le monde visible par un monde invisible qui est toujours le produit de l'imagination. Par exemple, on peut regarder la foudre comme l'expression de la colère divine ou comme une différence de potentiel entre les nuages et la Terre ; on peut regarder une maladie comme le résultat d'un sort jeté à une personne, ou comme le résultat d'une infection virale, mais, dans tous les cas, ce qu'on invoque comme cause ou système d'explication, ce sont des forces invisibles qui sont censées régir le monde. Par conséquent, qu'il s'agisse d'un mythe ou d'une théorie scientifique, tout système d'explication est le produit de l'imagination humaine. La grande différence entre mythe et théorie scientifique, c'est que le mythe se fige. Une fois imaginé, il est considéré comme la seule explication du monde possible. Tout ce qu'on rencontre comme événement est interprété comme un signe qui confirme le mythe. Une théorie scientifique fonctionne de manière différente. Les scientifiques s'efforcent de confronter le produit de leur imagination (la théorie scientifique) avec la « réalité », c'est-à-dire l'épreuve des faits observables. De plus, ils ne se contentent pas de récolter des signes de sa validité, ils s'efforcent d'en produire d'autres, plus précis, en la soumettant à l'expérimentation. Et les résultats de celle-ci peuvent s'accorder ou non à la théorie. Et si l'accord ne se fait pas, il faut jeter la théorie et en trouver une autre. Ainsi le propre d'une théorie scientifique est d'être tout le temps modifiée ou amendée. C'est, si vous voulez, un cadre conceptuel qui permet de progresser, d'interpréter un certain nombre d'événements, de suggérer certaines expériences, d'en prévoir certains résultats et précisément, en fonction des résultats obtenus, la théorie pourra être modifiée, améliorée, voire, au contraire, jetée à la poubelle pour être remplacée par une autre quand c'est devenu nécessaire. » (« L'évolution sans projet », *Le Darwinisme aujourd'hui*, pages 145-146.)

— Claude Bernard : « Quand le fait qu'on rencontre est en opposition avec une théorie régnante, il faut accepter le fait et abandonner la théorie, lors même que celle-ci, soutenue par de grands noms, est généralement acceptée. »

— Celui qui ne croit que ce qu'il voit. Aujourd'hui c'est possible de voir des objets toujours plus petits, dans les lieux les plus cachés du corps, encore récemment réputés inaccessibles. Voir en continu. Ne plus même prendre des photos, mais suivre en temps réel, filmer une mouche qui se développe, filmer l'activité cérébrale. Pensez à du triste, à du joyeux, ça s'allume dans le cerveau, pas au même endroit. Je vois les états mentaux. Le biologiste, cinéaste d'intérieur. Observateur de l'invisible, rendu visible par la technologie.

Mais ce visible, toujours plus envahissant, est-il explicable par de l'invisible, du théorique ? Ou l'est-il par du visible encore sous-jacent ? Comment penser le rapport entre voir et comprendre ? Comment trier le visible, l'organiser pour lui donner une cohérence théorique, en fonction d'une cohérence théorique, l'utiliser pour faire évoluer cette cohérence même ?

Faisons un rêve. Voir les circuits dans le cerveau, les neurones de ces circuits, les synapses de ces neurones, les récepteurs de ces synapses, et ainsi de suite au-dehors et en dedans des cellules activées au cours d'une action, ou d'une pensée, ou d'une évocation. Masse de données visibles qui ne demandent qu'à être interprétées.

L'image se substituant à l'imagination, comment transformer ces données nouvelles générées par les technologies, nouvelles elles aussi, en connaissance ? Le « voir » s'apparente-t-il au mythe ou à la science ? Comment un objet vu pourrait-il être contradictoire avec un autre objet vu ? Sans référence théorique, sans rapport à cet invisible, ce non-dit, ou encore à cet « accepté » de la science, sorte de consensus de la société des savants.

Comment penser ce retour au texte ? Pas à la bande dessinée avec des bulles, au texte. Comment aussi ne pas être trompé par ce qui est rendu, soudain, visible ? Ptolémée, celui qui voit. Copernic, celui qui calcule et voit au-delà du visible et imagine la Terre tournant autour du Soleil. Imagine ! Imagine et écrit. Imaginer : voir au-delà du visible. Faire voir cet au-delà par des mots inscrits dans un texte invisible.

— Brecht : « ANDREA. Mais je le vois, que le Soleil, le soir, s'arrête ailleurs que le matin. Avec ça il ne peut pas être immobile ! Jamais de la vie.

GALILÉE. Tu vois ! Qu'est-ce que tu vois ? Tu ne vois rien du tout. Tu écarquilles les yeux, c'est tout. Écarquiller n'est pas voir. » (*La Vie de Galilée*, page 11.)

— Voir, c'est savoir. Pourquoi pas ? Mais pour que les objets ramenés à la vue servent le savoir, encore faut-il, de toute façon, savoir les distinguer, les extraire du « vu brut ». Observer avec une idée préconçue. Une théorie ? Un modèle ? Ne plus décrire, photographier suffit. Penser ? La part du risque. Darwin a bien mesuré cette part-là.

Mais ne voir que par son modèle, n'est-ce pas éliminer ? Dans la masse des données visibles, de plus en plus nombreuses par la puissance des développements technologiques, trier, donc éliminer, est devenu essentiel. C'est là aussi que se situe la part du risque. Négliger ce qui paraît inessentiel. Faute de n'y plus rien voir ; essentiel donc. Mais, si je me trompe dans ce que j'élimine, je bascule.

Le pire serait de ne voir que ce qui colle ; d'éliminer ce qui peut faire dérailler le modèle. La science se fige dans son algorithme de départ. L'accident devient impossible.

— Adieu foie lavé !

— Se tromper, rectifier, se tromper encore. Donner à la nature la possibilité de nous tromper. Et puis lui faire cracher le morceau. Mais elle dissimule, la nature. Elle ne nous dit pas tout, ni ne nous le montre. Surtout elle est menteuse. Comme un amant jaloux, n'être sûr de rien. Passer sa vie dans le doute. Une certitude, une seule : la science ne dévoile jamais La Vérité, mais de petites vérités, partielles et transitoires, des erreurs au regard de ce qui va venir. Revendiquer la suprématie du doute sur la vérité. Rien n'est plus dur que le doute, ni plus efficace pour y brûler une vie. C'est si court, une vie. Pas étonnant qu'on édifie des églises. Positivisme, ça sent l'humidité catholique, et l'inquisition aussi. Avec sa police.

— Brecht : « L'INQUISITEUR. Qu'il s'agit des tables de l'arithmétique et non de l'esprit de révolte et de doute, c'est ce que disent les gens. Cependant il ne s'agit pas des tables de l'arithmétique. Mais d'une épouvantable inquiétude qui est venue au monde. L'inquiétude de leur propre cerveau qu'ils transmettent à la Terre immobile. Ils s'écrient : les chiffres nous y forcent ! Mais d'où viennent-ils, ces chiffres ? Tout le monde sait qu'ils viennent du doute. Ces gens doutent de tout. Devons-nous fonder la société humaine sur le doute et non sur la foi ? » (*La Vie de Galilée*, page 110.)

— Claude Bernard : Expérience ! Expérience ! Expérience ! Le doute incite à l'amour vache, à coups de scalpel, de poisons, on va te faire parler, mon lapin ! Ne pas respecter la nature. Le doute subsiste. S'il m'avait menti ? Une fois encore ? Repasse-moi les pinces.

Pinces optiques pour tirer sur une molécule, caméras à positrons pour voir dans le cerveau, informatique pour analyser l'expression du génome, spectroscopie de masse pour identifier les protéines, microscopes à double photon ou à onde évanescente pour voir bouger les molécules dans les tissus vivants. Les outils de la physique et de la chimie, les instruments de calcul des mathématiciens vont-ils transformer la biologie en une physique du vivant, selon un vieux rêve mécaniciste ?

Ce qui définit une science. Les outils avec lesquels les savants travaillent l'objet, ou bien cet objet lui-même ? En l'occurrence le vivant et les questions relevant de sa nature vivante, dont cette incroyable capacité d'invention de formes et de résistance au monde physique. Balancez une bombe atomique ou une météorite, ce n'est pas très différent, et au-delà du désastre, de l'extinction massive des espèces, l'aventure repart. 70 millions d'années, adieu les grands sauriens, mais place au triomphe des mammifères, avec à la fin de la journée, le sacre de *sapiens*. Tous les jours on rejoue la même histoire, celle de cette obstination du vivant à digérer l'inerte, à le cannibaliser. Increvable !

Instrumentation, c'est le bon terme ; on refait sans cesse le coup du microscope. Les animalcules qui frétillent dans la goutte blanchâtre sous la loupe, ce sont des spermatozoïdes. Ils existent, la preuve, je les vois.

Qu'est-ce que voir ? Le cerveau, je vois dedans, je pense et ça s'allume ; je calcule et ça clignote, j'identifie les neurones du calcul, ceux de la parole. L'âge de la lumière, des lumières aussi, Gall !

Voir au-delà du visible. Lamarck aveugle dicte à sa fille. Antigone guide les pas d'Œdipe déchiffreur d'énigmes, Tirésias perd la vue mais prédit l'avenir. Sa fille, Mantô, aussi sera prophétesse, mais n'a pas guidé ses pas ni éloigné sa bouche d'une eau glacée et mortelle.

— Tiens donc !

— Bien quoi ? On ne peut pas tout prévoir !

— Voilà ce qu'il en coûte d'avoir goûté les plaisirs des deux sexes.

— Naïveté du voir. Comment voir sans une petite idée ? Comment extraire le sens des connaissances accumulées ? Problème urgent, mais pas si neuf que ça. Déjà Lamarck, déjà Darwin, sans bio-informatique, à la main, ou à l'intuition. La description des espèces animales, vivantes ou fossiles, peuvent contribuer à construire une théorie de l'évolution, ou deux, ou trois, elle n'est pas en soi une théorie de l'évolution. Vingt ans séparent *Le Voyage du Beagle* de l'*Origine des espèces*. La caméra à positrons peut contribuer à construire une théorie du cerveau, elle ne peut s'y substituer. Elle ne peut, non plus, se contenter de remplir le cahier des charges d'un dogme en attente d'être vérifié, figé, on n'ose parler de mythe, simple respect pour la beauté.

Darwin passant ses données au crible bio-informatique. Qu'est-ce qu'il en sort ? Tout dépend de ce que j'ai mis dans mes algorithmes. De l'intuition créatrice de ceux qui les contrôlent, de leur capacité à imaginer, à être des savants, à se livrer au doute, à inventer des algorithmes ouverts sur l'indéterminé, le nouveau, l'inconnu. Chaque recherche est un embarquement sur le *Beagle*, plus une vie de réflexion. Longue si possible. Sinon, adieu théorie de l'évolution, victoire du mythe et de La Vérité, des Églises.

Victoire de FitzRoy qui, lui aussi, avait une explication, biblique celle-ci, des observations de Darwin. En particulier, il rendait compte de la disposition en strates des animaux fossiles non par l'histoire de l'évolution, en contradiction avec la création du monde, narrée par le livre de la Genèse, en une fois et en une semaine, mais par une théorie physique fantastique. Je vous la résume : l'eau étant élastique, sa densité augmente avec la profondeur. Tous les animaux et végétaux ont été emportés par le déluge et se sont mis à flotter en fonction de leur densité propre. Les mouvements violents des eaux ont amalgamés les cadavres aux argiles et, quand l'eau s'est retirée, le plus léger était en haut et les plus lourds au fond. Les mammifères ont flotté à cause de la fermentation des gaz qui se sont développés entre le derme et l'épiderme.

« Lorsque le *Beagle* prit enfin la mer, il y avait à bord soixante-quatorze hommes et jeunes gens, pour la plupart plus jeunes encore que FitzRoy. Wickham, un vieux de trente-trois ans, était lieutenant. Chaffers, qui approchait sans doute la trentaine, était maître. Le chirurgien, McCormick, avait trente et un ans ; le commissaire de bord, Rowlett, trente-quatre ans, était le plus ancien des officiers. Stokes (sans lien de parenté avec le capitaine du même nom au destin funeste), hydrographe-adjoint, avait dix-neuf ans. Bynoe, vingt-huit ans, était le bras droit du chirurgien. À quoi il fallait ajouter un second et son lieutenant. Les deux aspirants étaient les fils mêmes du capitaine King, Philippe, quatorze ans, et Mellersh, probablement un peu plus âgé. Un volontaire, Musters, n'avait même pas treize ans. Il y avait en outre un assistant du maître, un commis, un charpentier, un voilier, un cordonnier et un armurier, sans oublier une trentaine de marins et une poignée de cuisiniers et de garçons, ainsi qu'un sergent et sept fusiliers marins pour faire régner la discipline.

À cet équipage régulier étaient venus s'ajouter un certain nombre de surnuméraires, dont un artiste, Augustus Earle, un fabricant d'instruments (que FitzRoy payait de ses propres deniers), des domestiques pour FitzRoy et Darwin (eux aussi rémunérés de la sorte), les trois Fuégiens et un missionnaire, Richard Matthews, vingt ans, qui devait s'installer sur place afin de civiliser les autochtones. *Last but not least*, venait Charles Darwin, naturaliste et compagnon du capitaine, maintenant âgé de vingt-deux ans. » (John Bowlby, page 108.)

— Il est temps, levons l'ancre… au fond de l'inconnu pour trouver du nouveau.

— Jamais un plan de carrière n'abolira l'intuition.

— L'invisible n'est pas seulement du visible à venir, une vérité que la science devrait dévoiler. Il est aussi un invisible en évolution, un état transitoire, une forme théorique, en transformation. Cet invisible permet de discerner des objets, de dire ceux qui lui sont adéquats et ceux qu'il ne peut accepter sans se mettre en danger, sur des points mineurs, transformation graduelle, ou de façon plus globale, changement brutal de forme, révolution. D'où le danger, la tentation, de ne voir que les objets qui sont en adéquation avec l'état présent de l'invisible et d'éliminer ceux qui ne le seraient pas. Danger fixiste de tenir la théorie en son état, la faisant passer de son statut scientifique à un statut mythologique, religieux. Spectre du dogme.

Cette inclination à ne voir que ce qui « colle » avec l'invisible dominant est « naturelle » parce que les objets dérangeants ne s'accordent pas à l'état de la théorie qui fonde les travaux de la très grande majorité des spécialistes de la discipline. Ils résultent, le plus souvent, d'erreurs d'observation ou de méthodologie. Il en est, en effet, souvent ainsi, surtout quand la discipline est arrivée à un point d'élaboration qui lui permet d'ordonner un très grand nombre de faits dans une structure logique. Les faits qui n'entrent pas dans ces structures sont, dans l'immense majorité des cas, des artefacts : objets mal observés ou déformés, voire créés par les techniques d'observation.

On aura donc tout intérêt à négliger les objets qui n'entrent pas dans le schéma, à ne pas les voir. Cet intérêt est le résultat d'un calcul statistique presque toujours inconscient. Si, dans l'état donné d'une théorie, un objet incongru, au regard de cette théorie, a une probabilité minuscule, disons 1 sur 10 000, de ne pas être un artefact, l'étudier est prendre un double risque. Le premier est de perdre du temps (de l'argent, de l'énergie, c'est la même chose). Cela peut sembler mineur, mais dans les structures actuelles des métiers de la recherche, le temps est devenu un critère important, voire décisif.

— Ce pourquoi on ne sait plus le prendre ?

Le second est de se placer en porte-à-faux par rapport à un état de la théorie dont la prégnance et l'acceptation sont telles que le questionner, même sur un point de détail, provoque des réactions démesurées de la part de la communauté scientifique, de ses papes, cardinaux, et autres gardiens du temple, en général dépourvus du sens de l'humour. On ne plaisante pas avec ces choses-là. C'est grave, la science.

— Ah bon ? Ce n'était donc pas un jeu ?

— D'où la tendance spontanée à faire passer toute observation « non acceptable » aux oubliettes, souvent d'ailleurs de façon naïve, sans réel calcul. Par confort bourgeois ou petit-bourgeois, ne pas s'embarquer dans des disputes vaines.

— Darwin : « Ne pas prendre le risque de passer pour un sot doublé d'un arrogant. »

— Pas de vagues avec la belle-mère, oui, on va déjeuner dimanche chez les beaux-parents, avec le petit. Pourquoi aller chercher midi à quatorze heures ? À l'inverse, et pour les mêmes raisons, on acceptera comme vrais des faits mal examinés mais qui tombent tout naturellement dans le cadre théorique, apportent de l'eau au moulin et du crédit aux meuniers en chef, ou en sous-chef. Les journaux scientifiques sont pleins de ces observations mineures montées en épingle et qui collent si bien ; si bien qu'elles sont parfois fabriquées de toutes pièces.

On aurait tort de croire que rapporter un fait qui dérange relève d'une attitude consciemment iconoclaste. Le plus souvent, c'est le fait de nouveaux venus dans un domaine, d'individus non immergés dans un état de l'invisible devenu une seconde nature pour les anciens. Ils ont un regard neuf et étranger, étrange. Ils font des observations naïves. Quand ils réalisent leur erreur, il est souvent trop tard ; pour ne rien dire de ceux qui s'entêtent et méritent le bûcher. À moins que...

Car il existe une troisième possibilité, infime, celle de faire effectivement bouger le système, imperceptiblement en général et c'est une découverte qui fait évoluer le paradigme sans le déstabiliser, ou dramatiquement, beaucoup plus rarement, et c'est une révolution scientifique. Les deux arrivent, la mutation est sélectionnée, et la science se détourne, montre son autre visage, celui du doute et de la variation. Janus.

Pas un rêve de pierre, un mouvement qui déplace les lignes.

— Encore-lui !

— Oui, encore lui.

Pensant à tort que Lyell s'est entièrement rallié à sa théorie, Darwin lui écrit : « Je m'en réjouis aussi profondément pour moi ; car en pensant aux légions d'hommes qui ont poursuivi une illusion des années durant, j'ai maintes fois été parcouru d'un frisson glacé en me demandant si je n'avais pas consacré toute ma vie à une chimère. Je considère aujourd'hui qu'il est moralement impossible que des hommes qui cherchent la vérité, comme vous et Hooker, puissent être entièrement dans l'erreur, et je repose donc en paix. » (*Correspondance*, page 342.)

Dans cet examen du rapport du visible à l'invisible, la biologie occupe une position un peu particulière, ce pour deux raisons principales. D'abord, on ne sait pas très bien ce qu'est une théorie du vivant. À part la théorie de l'évolution, il n'existe aucune théorie synthétique sur laquelle on pourrait appuyer de façon un peu solide les résultats des observations. Il existe du théorique, dispersé sous la forme d'un ensemble de concepts et d'idées hétérogènes, car la biologie est hétérogène, qui constituent un corpus d'éléments théoriques de référence, sur lequel on s'accorde de façon spontanée. Mais ce corpus est mal défini, truffé de positions fondées sur le sens commun, donc souvent dogmatiques. « Tout le monde sait que... ». Un tel syntagme devrait toujours éveiller la curiosité, la prudence, voire la méfiance. Une deuxième raison est qu'à l'exception notable et récente des manipulations génétiques qui créent effectivement de nouveaux objets, les technologies utilisées sont importées d'autres champs de savoir, mathématiques, physique et chimie.

Les outils de découverte des nouveaux objets biologiques, l'imagerie en fournit un exemple frappant, ne sont donc pas en congruence avec les théories du domaine observé. Cela donne à ces objets nouveaux un statut assez particulier. Ils sont rendus visibles, amenés à la lumière, mais cette visibilité doit être examinée dans plusieurs domaines théoriques, plusieurs logiques, comme ces logiques qui s'affrontent quand on met du silicium dans le cerveau.

S'il fallait trouver un fondement ou une justification à l'interdisciplinarité dont on nous rebat les oreilles, ce serait sans doute dans l'analyse de ce rapport entre deux disciplines, rapport d'apparence technique, et des effets théoriques qui peuvent découler de ce rapport. On remarquera, en effet, que quand on parle d'interdisciplinarité, c'est presque toujours dans le cadre de l'application d'une technique, venue d'une discipline dont la théorie est fortement structurée, à un domaine de la biologie, théoriquement mal défini, à l'invisible flou, rarement l'inverse.

Par conséquent cette interdisciplinarité n'est qu'apparente car elle n'atteint pas l'invisible de la biologie, sauf à importer en biologie le corpus théorique de la physique. Cela revient à pallier le désordre d'un substrat théorique dispersé, voire flou et approximatif, par l'import de théories structurées mais qui ont peu à voir avec la biologie elle-même. Sauf, évidemment, à transformer la biologie en une branche de la physique, en un de ses nombreux domaines d'application, par exemple à travers la théorie de l'information.

Ce à quoi, contrairement aux apparences, ne s'emploient pas les physiciens de la matière molle – on désigne ainsi ces physiciens du vivant – puisqu'ils analysent les objets biologiques du seul point de vue de leurs propriétés physiques : viscosité, élasticité, tension superficielle, adhérence... En cela ils prolongent une ligne de recherche initiée, il y a près d'un siècle, par D'Arcy Thompson qui voyait dans cette mathématisation du vivant une façon de faire entrer la zoologie dans l'âge positif. Même si le dernier chapitre de *On growth and form*, l'ouvrage unique de D'Arcy, ouvre sur la méthode des coordonnées et sur le concept de gène de développement, thèse soutenue par Gawin de Beer (je renverrai ici à *Machine-Esprit*).

À vrai dire, les biologistes sont souvent moins prudents que les physiciens quand il s'agit de « physicaliser » la biologie. Tout fiers qu'ils sont d'être devenus des « vrais savants », sous-entendu des mathématiciens, ou presque, ils en oublient d'examiner les nouveaux objets d'un point de vue physiologique, dans le cadre d'un invisible aussi mou, mais néanmoins chargé de sens, que les objets dont il a la charge théorique.

Ce qu'on appelle les sciences cognitives sont particulièrement intéressantes à examiner de ce point de vue. Elles se sont constituées, par le rassemblement de diverses disciplines établies, autour d'un objet scientifique, la cognition, dont on ne sait trop ce qu'il est mais dont il est évident qu'il ne signifie pas la même chose pour chacune de ces disciplines, prise séparément.

La cognition pour le philosophe paraît assez clairement centrée sur les catégories de la pensée. Comment rattacher cette recherche philosophique à la biologie reste (sauf à regarder la pensée par imagerie cérébrale, ce qui est toujours possible) un objet d'interrogations, pour moi en tout cas. On peut d'un côté affirmer que les philosophes n'ont pas attendu de connaître la physiologie cérébrale pour énoncer des catégories de la pensée. On peut aussi dire, ce n'est pas moins valide, que la structure cérébrale contraint la pensée. Mais alors pourquoi seulement la structure cérébrale ? Pourquoi pas les hormones ? Et on pourra énoncer, se posant en juge de par sa position de physiologiste du cerveau, que Descartes était dans l'erreur et que Spinoza avait raison. Rien que ça !

L'anthropologue aussi a son mot à dire, et le linguiste évidemment, et le mathématicien, ..., de telle sorte qu'au bout du compte, même si chaque discipline, prise séparément, peut justifier son intérêt pour la cognition, en général, les motivations et la logique de leur rassemblement nous échappent, plus modestement m'échappent, et le résultat qui fait l'impasse sur les malentendus théoriques sous-jacents risque vite de tenir du « Chef-d'œuvre inconnu ».

Mais peut-être le moteur de cette aventure est-il autre ? Peut-être s'agit-il de classer et hiérarchiser les corpus théoriques de toutes les disciplines, scientifiques ou non ? Et comme il semble impossible à ce jour de le faire autour d'un corpus théorique unique, il reste à appliquer des modèles universels, à rechercher, pour y voir clair, le plus petit dénominateur commun. Il n'est qu'à considérer l'importance du modèle logique de l'ordinateur dans notre façon de penser le cerveau comme une machine logique. Il n'y a là rien de répréhensible, sauf que le modèle est normalement un outil, et devrait le rester, et qu'il s'est ici imposé, malgré Turing (qu'on lise, relise l'article de Turing dans la revue *Mind* où il fait lui-même les objections à son modèle et termine en proposant un programme de machine qui se développerait comme un cerveau d'enfant), mais en son nom, comme une représentation, ce qui d'un seul coup touche, en les orientant, les recherches sur le cerveau.

On sait avec quelle difficulté, et quelle lenteur, les notions de plasticité morphologique ou de neurogenèse adulte, si contraires à la représentation du cerveau comme un ordinateur, se sont fait une place en physiologie cérébrale. C'est là une illustration du danger couru à faire apparaître des objets nouveaux par l'application d'une technique ou d'un outil dans un champ qui lui est étranger théoriquement, en l'absence de toute analyse critique de cette « fonction d'application ». Ça veut dire quoi « appliquer » ? La question simple qu'on peut poser est donc celle de l'unité de ce rassemblement autour d'un invisible unitaire qui rendrait compte de cette diversité des visibles. On risque d'attendre. L'émergence dure longtemps.

Ce qui nous ramène à la question de la technique. Pourrait-on proposer qu'une science n'est véritablement constituée, donc autonome, que lorsqu'elle est capable de créer des objets d'observation par l'utilisation de techniques issues de sa propre théorie ? Par exemple, les physiciens utilisent les lois de la physique pour construire des télescopes ou des accélérateurs qui mettront au jour des objets nouveaux ou prouveront l'existence d'objets prédits par la théorie.

Si on acceptait, juste pour voir, cette thèse, on pourrait dater le début de la physiologie de l'utilisation des molécules organiques, comme les poisons ; mais ce n'est là que balbutiement en comparaison de la manipulation génétique. Ce serait donc avec l'outil génétique que la biologie serait entrée dans le petit cercle des sciences autonomes, par sa capacité de créer des organismes nouveaux, et d'en examiner les propriétés physiologiques. Mieux encore, c'est la génétique du développement qui permet de faire entrer l'évolution, le seul corpus théorique constitué de la biologie, dans le champ de l'analyse expérimentale. La manipulation génétique est un geste bernardien, s'il en est, de modification du milieu intérieur par des technologies issues de notre connaissance du vivant. Le gène, c'est quand même mieux que le scalpel ou le poison. Même si des combattants d'arrière-garde continuent d'opposer la physiologie à la génétique, sous prétexte qu'elle serait réductionniste. La bonne blague !

J'aime assez cette idée, qui reste à explorer, qu'une science majeure se caractérise par la production de ses propres outils techniques à partir de son propre corpus théorique. Pour ce qui est de la physiologie elle rejoint la prédiction, ou l'attente de Claude Bernard :

« J'admets parfaitement que lorsque la physiologie sera assez avancée, le physiologiste pourra faire des animaux et des végétaux nouveaux comme le chimiste produit des corps qui sont en puissance, mais qui n'existent pas dans l'état naturel des choses... Mais la physiologie devra agir scientifiquement pour opérer toutes ces modifications et se rendre compte de ce qu'elle fait *parce qu'elle connaîtra les lois intimes de la formation des corps, organiques comme le chimiste connaît les lois intimes de la formation des corps minéraux*. C'est donc dans la loi de la formation des corps organisés qu'agit toute la science biologique expérimentale. »

Nul doute, pour qui a suivi les développements récents de la biologie, que l'expression cellulaire de gènes modifiés ou étrangers et la création de formes animales et végétales nouvelles, scientifiquement créées par les techniques de génie génétique, constituent des outils puissants pour le développement théorique de cette discipline. Cela ne veut pas dire qu'il ne faut pas s'ouvrir sur d'autres disciplines, faire bouger les frontières, créer des chimères. Il est interdit d'interdire, la science est contre la censure, contre la police, contre l'inquisition. Ou elle devrait l'être.

Expliquer du visible par de l'invisible. L'interprétation qui en a été proposée est que l'invisible dont il est ici question est la théorie, ou du théorique. Interprétation soufflée par le texte même de F. Jacob. « Les scientifiques s'efforcent de confronter le produit de leur imagination (la théorie scientifique) avec la "réalité", c'est-à-dire "l'épreuve des faits observables". »

Mais un autre invisible auquel on peut se référer, de par l'époque à laquelle l'entretien avec François Jacob, support ou, plutôt, prétexte de ce chapitre, a eu lieu, est celui du texte génétique lui-même. Bien sûr le génome peut être rendu visible comme objet physique, mais le sens du texte ne devient accessible qu'après un long travail technique qui est encore loin d'être achevé, en dépit de la première phase que constitue le séquençage de certains génomes, résultat important, certes, mais qui ne livre pas, seul, le sens du texte. Un texte, blotti dans la structure de l'objet vivant, et lui-même en évolution. C'est sur les variations de ce texte et sur la façon dont il est traduit en un phénotype que repose aujourd'hui l'édifice de la théorie de l'évolution énoncée par Darwin.

Tentation de l'analogie. Variation génétique, sélection et évolution. Au niveau du génome, on a une petite idée des mécanismes impliqués, même s'il y a débat sur certains points et que la théorie de l'évolution a elle-même évolué depuis Darwin et est susceptible d'évoluer encore. Elle n'est donc pas morte. Donc aussi variation et évolution de la théorie ou du théorique, au hasard d'observations mutantes, repérées parmi la foule des faits, et sélectionnées ; en dépit de la structure naturellement et peut-être nécessairement conservatrice de la Cité scientifique. Janus.

— Lamarck : « Les hommes qui s'efforcent, par leurs travaux, de reculer les limites des connaissances humaines, savent assez qu'il ne leur suffit pas de découvrir et de montrer une vérité utile qu'on ignorait, et qu'il faut encore pouvoir la répandre et la faire reconnaître ; or, la *raison individuelle* et la *raison publique*, qui se trouvent dans le cas d'en éprouver quelque changement, y mettent en général un obstacle tel, qu'il est souvent plus difficile de faire reconnaître une vérité que de la découvrir. Je laisse ce sujet sans développement, parce que je sais que mes lecteurs y suppléeront suffisamment, pour peu qu'ils aient de l'expérience dans l'observation des causes qui déterminent les actions des hommes. » (Lamarck, *Philosophie zoologique*.)

Mais, et pour prolonger, fût-ce à contre-pied, plusieurs thèmes développés plus haut, il se pourrait que l'invisible ne soit pas seulement du théorique, mais aussi, effectivement, du visible à venir. Qu'il faille voir dans certaines attitudes hyperthéoricistes une forme de mépris pour ceux qui mettent les mains dans le cambouis, font émerger le visible. En biologie, les théoriciens, ou ceux qui s'intitulent ainsi, souvent mathématiciens du vivant, se perçoivent comme une sorte d'aristocratie ; ils vont expliquer à ces tripoteurs de molécules ce sur quoi ils travaillent depuis si longtemps, et à quoi il ne comprennent pas grand-chose. Certains sont des biologistes qui aspirent à grimper dans l'échelle sociale, la fameuse classification comtienne des disciplines. D'autres sont d'authentiques et souvent brillants mathématiciens. René Thom et son fabuleux mépris, qui n'avait d'égal que son ignorance, dans le domaine, pour la génétique, est l'exemple d'un très grand savant fourvoyé dans une querelle plus idéologique que scientifique.

La génétique formelle offre une assez belle illustration de la possibilité de développer, jusqu'à un certain point, même en biologie, des concepts novateurs, sans se soucier des substrats moléculaires, voire en les ignorant avec une certaine superbe. On réalise rarement que la nature chimique des gènes, l'ADN – et je ne parle même pas ici du code génétique –, n'a été comprise qu'en 1940-1942 avec les expériences d'Avery, 30 ans après celles de Morgan. On pouvait donc, comme Morgan et son école à l'université Columbia, faire de la génétique, croiser des mouches, suivre les caractères et leurs mutations, les ordonner les uns par rapport aux autres sur les chromosomes en fonction des recombinaisons et même calculer la distance entre ces caractères, sans souci du support chimique de ces opérations. Et tant pis pour Friedrich Miescher et sa découverte de la nucléine qui deviendra l'acide nucléiquc. De la même façon que Turing pouvait s'intéresser aux opérations logiques du cerveau, en se moquant, croyait-il, de savoir si ce cerveau avait la consistance du porridge tiède.

Il est curieux de constater que les héritiers de D'Arcy Thompson, les physiciens de la matière molle, ou les chimistes organiciens, parce qu'ils utilisent les outils de la physique pour manipuler des molécules, des molécules uniques : une protéine, un fragment d'ADN, sont à l'origine d'un nouvel intérêt pour la biochimie. Là où les généticiens invalident un gène – ou le surexpriment – et constatent les effets de ses opérations sur le phénotype, les physiciens et les chimistes retrouvent les biologistes cellulaires et renouent avec une tradition antérieure à la génétique formelle, ramenant la structure vivante, sa matière, au premier plan. L'ensemble est de nature à nous donner une idée plus concrète du vivant que ne peut le prétendre la belle structure intellectuelle de la génétique formelle, essentiellement réfugiée aujourd'hui dans la génétique des populations, loin – et ce n'est pas une critique – des contingences de la « viande ».

Pour poursuivre le parallèle avec Turing, les savants en neurosciences cognitives ouvrent la boîte noire et ne se contentent plus de tracer des flèches logiques entre des opérations de l'esprit, mais agissent en physiologistes, avec la complicité des généticiens dont les opérations modifient le milieu intérieur. Ils enfoncent leurs doigts dans le porridge.

Il reste que les observations qui sont ramenées au jour par ces opérations de descente dans la matière molle ne peuvent se comprendre que dans le cadre des théories ou des fragments de théorie qui structurent nos disciplines, faute de quoi on n'y verrait rien. Car, comme dirait le metteur en scène de l'origine du monde, de trop près on n'y voit pas grand-chose.

— Darwin : « Vous aurez fait œuvre utile en attirant l'attention des hommes de science sur les moyens et les lois de la philosophie... Voici une trentaine d'années, on disait beaucoup que les géologues devaient se contenter d'observer et se garder de théoriser ; et je me souviens que quelqu'un fit observer qu'à ce compte un homme pouvait aussi bien descendre dans une gravière et compter les galets puis en décrire les couleurs. Comme il est étrange que tout un chacun ne comprenne pas que pour être de quelque utilité toute observation doit venir confirmer ou infirmer un point de vue. » (*More letters*, Lettre de CD à Henry Fawcet, économiste, 1861, citée par Bowlby, page 366.)

II

PARTITIONS

Ces textes ne sont pas des textes de théâtre. Au sens où ils ne sont pas écrits pour le théâtre mais par le théâtre, à partir de ces matériaux dont une partie a été donnée à lire plus haut. Nous avons délibérément effacé la circonstance théâtrale et décidé de ne pas donner d'informations déterminantes sur la scénographie, les lumières, les costumes, la musique, etc. Nous n'avons pas donné les moyens d'une reconstruction par la mémoire pour ceux de nos lecteurs qui auraient vu le spectacle, ou par l'imagination pour ceux qui découvrent le tout par la lecture. Ces spectacles ont eu lieu ; ils appartiennent au passé du théâtre et à la mémoire de quelques-uns. Nous faisons ici le pari que le lecteur n'a pas besoin de se faire une idée de ce que furent ces spectacles. Chacun peut rêver ces textes à sa guise, et même oublier la référence théâtrale. Désormais, le théâtre, c'est le cerveau du lecteur. Nous serions bien curieux de voir ce qui s'y passe pendant la lecture de ces Chimères et de ces Variations. Manip pet-scan ?

I

DES CHIMÈRES EN AUTOMNE OU L'IMPROMPTU DE CHAILLOT

I – Face au singe

JACQUES : Autrefois...

CLÉMENT : Philosophe allemand n° 1.

JACQUES : Autrefois, on cherchait à éveiller le sentiment de la majesté de l'homme en invoquant son origine divine : c'est devenu maintenant un chemin interdit, car à l'entrée se dresse le singe, entouré d'une ménagerie à faire peur ; il grince des dents d'un air entendu, comme s'il voulait dire : pas un pas de plus dans cette direction ! On fait, par conséquent, des tentatives dans la direction opposée : le chemin que prend l'humanité doit servir à prouver sa majesté et sa nature divine. Hélas ! de cela aussi il n'en est rien ! Au bout de ce chemin se trouve l'urne funéraire du dernier homme qui enterre les morts (avec l'inscription : « nihil humani a me alienum puto »). Aussi haut que son évolution puisse porter l'humanité – et peut-être se retrouvera-t-elle à la fin plus bas qu'au début ! –, il n'y a pour elle point d'accès à un ordre supérieur, pas plus que la fourmi et le perce-oreille, à la fin de leur « carrière terrestre », n'entrent dans l'éternité et le royaume de Dieu. Le devenir traîne à sa suite ce qui fut le passé : pourquoi y aurait-il pour une petite planète quelconque et pour une espèce quelconque sur cette planète, une exception à cet éternel spectacle ? Il y en a assez de ces sentimentalités.

CLÉMENT : Philosophe allemand n° 2 : Peut-on méditer en regardant un singe ?

JACQUES : Biologiste au zoo : Je me souviens des singes Bonobos du zoo de San Diego. Tu sens immédiatement la parentèle, c'est une empathie familiale. Oui, tu le sens de la famille : il commence par se masturber devant toi comme un vieillard facétieux qui a perdu la tête. Et les Bonobos sont coiffés comme au XIXe siècle, en fait comme Proust, une raie au milieu et ils ont peu de poils sur la poitrine, comme Proust, ça nous rapproche. Pectoraux humains. Le Bonobo du zoo : tu comprends tout. Donc tu peux méditer en regardant un Bonobo, mais à condition qu'il médite lui-même. Il y en a un qui s'est précipité vers la vitre et a écrasé ses lèvres dans un énorme baiser ventouse ; que se serait-il passé, s'il n'y avait pas eu de vitre ?

CLÉMENT : Homme de la rue : Tout ça ne me dit pas que je descends de lui.

JACQUES : Biologiste : Quand tu le quittes, c'est comme si tu laissais ta mère à l'hôpital.

CLÉMENT : Écrivain tchèque.

LUCIE : Éminents académiciens, vous me faites l'honneur de m'inviter à remettre à votre Académie un rapport sur ma vie antérieure de singe. Je ne puis malheureusement déférer sous cette forme à votre invitation. Cinq ans bientôt me séparent de la condition de singe : un intervalle peut-être bref au regard du calendrier, mais infiniment long à parcourir au galop, comme je l'ai fait, accompagné à certains moments par des hommes remarquables, par des conseils, des applaudissements, des musiques d'orchestre, mais en réalité tout seul, car ces escortes, pour filer la comparaison, s'arrêtaient toujours bien avant la barrière. Accomplir tout cela n'aurait jamais été possible si je m'étais obstiné à m'accrocher à mes origines et aux souvenirs de ma jeunesse.

En effet, la règle absolue que je m'imposai fut de renoncer à toute obstination ; moi, un singe libre, je me soumis à ce joug. Mais du coup, mes souvenirs me devinrent de plus en plus inaccessibles. Alors qu'au début, si les hommes l'avaient voulu, le retour me restait possible à travers l'immense portail que forme le ciel au-dessus de la Terre, ce passage devint de plus en plus bas et étroit, à mesure de mon évolution accélérée à grands coups de fouet ; je me sentais plus à l'aise et mieux entouré dans le monde humain ; le vent de tempête que mon passé soufflait encore jusqu'à moi s'apaisa ; ce n'est plus aujourd'hui qu'un courant d'air qui me rafraîchit les talons ; et le trou très lointain par où il passe, et par où je passai jadis moi-même, est devenu si petit que, si j'avais un jour assez d'énergie et de volonté pour retourner jusque là-bas, je devrais m'écorcher jusqu'au sang pour arriver à m'y glisser. Très franchement, même si j'aime assez évoquer ces choses en termes imagés, très franchement, messieurs : votre condition de singe, si tant est que vous ayez un tel passé, ne peut pas vous être plus lointaine que la mienne ne l'est pour moi. Et pourtant, elle chatouille au talon chacun de ceux qui marchent sur cette Terre : le petit chimpanzé, comme le grand Achille.

JACQUES : Philosophe allemand n° 3 : Carlos, nous avons tant parlé ! Si j'avais deviné quelle torture ce serait, je n'aurais jamais pris rendez-vous avec toi. Et il faut vraiment que je dise quelque chose de plus ? Eh bien soit, je vais dire encore quelque chose sur l'instinct qui pousse à dire encore quelque chose... Je ne sais où en Afrique orientale, en Tanzanie, je crois, ils ont trouvé, voici quelques décennies, le squelette d'une femelle singe qui est censée avoir déjà été plus femme que singe. Les chercheurs l'ont appelée Lucy, les Beatles ont fait une chanson sur elle, assez débile d'ailleurs. Je me demande si Lucy, en regardant la savane, avait des pressentiments. Nous a-t-elle pressentis ? Je ne le sais pas. Cela me tranquilliserait de m'imaginer que les animaux nous ont vus venir. Ce serait plus facile, ensuite, de s'identifier aux animaux. Lucy était vraisemblablement plus curieuse qu'anxieuse, sa curiosité serait sans doute le sens qui lui aurait permis de nous deviner. Elle vivait bien avant le langage, le logos était encore tellement éloigné, elle vivait un million d'années avant l'oralité. Et pourtant, elle fait déjà partie de notre espèce, les anthropologues l'affirment. Lucy serait donc aussi un bon début pour des écrivains.

LUCIE : Je suis originaire de la Côte de l'Or. Pour la façon dont je fus capturé, j'en suis réduit aux rapports des autres. Une expédition de chasse montée par l'entreprise Hagenbeck – depuis, j'ai d'ailleurs vidé plus d'une bonne bouteille de vin rouge avec son patron – était à l'affût dans les taillis au bord de l'eau, un soir où je courais boire au milieu de ma bande. On tira ; je fus le seul touché ; je reçus deux coups. Pour la première fois de ma vie, je n'avais pas d'issue ; en tout cas, je ne pouvais pas avancer tout droit ; il y avait la caisse devant moi, dont chaque planche était solidement clouée à la suivante. Étouffer mes sanglots, chercher mes puces à grand-peine, lécher sans entrain une noix de coco, cogner mon crâne contre la paroi de la caisse, tirer la langue dès que quelqu'un s'approchait de moi : telles furent les premières occupations de ma nouvelle vie. Mais tout cela baignant dans un unique sentiment : pas d'issue. Aujourd'hui je ne puis bien sûr que décrire avec des mots humains ce que je ressentais alors en tant que singe, et je le déforme nécessairement ; pourtant, même si je n'ai plus accès à ce qui était alors la vérité du singe, elle se trouve au moins dans la direction que je décris, cela ne fait pas le moindre doute.

Car j'avais toujours eu jusque-là beaucoup d'issues, et maintenant, plus une seule. J'étais bloqué. Si l'on m'avait cloué sur place, ma faculté de mouvement n'en aurait pas été diminuée. Et pourquoi ? Tu peux te gratter jusqu'au sang entre les orteils, tu n'en trouveras pas la raison. Tu peux te presser l'arrière-train contre les barreaux jusqu'à ce qu'ils te coupent presque en deux, tu n'en trouveras pas la raison. Je n'avais pas d'issue ; il fallait pourtant que je m'en procure une, car sinon je ne pouvais pas vivre. Toujours contre la paroi de cette caisse : j'en aurais crevé, c'est sûr. Mais chez Hagenbeck, la place des singes, c'est entre les parois d'une caisse : donc, je cesserais d'être un singe. Un beau raisonnement, et limpide, que j'ai sans doute concocté à partir de mon ventre, car les singes pensent avec leur ventre.

Je crains que l'on ne comprenne pas exactement ce que j'entends par issue. J'utilise ce terme dans son sens le plus courant et le plus fort. C'est à dessein que je ne dis pas liberté. Je ne parle pas du grand sentiment de la liberté tous azimuts. Peut-être l'ai-je éprouvé quand j'étais singe, et j'ai rencontré des hommes qui en éprouvent un vif désir. Mais pour ma part, je ne réclamais pas la liberté, pas plus à cette époque qu'aujourd'hui. D'ailleurs, le plus souvent, les hommes s'abusent les uns les autres en invoquant la liberté. Et comme la liberté est l'un des sentiments les plus sublimes qui soient, l'illusion qui en résulte est aussi des plus sublimes. Dans les music-halls, il m'est souvent arrivé, en attendant mon numéro, de regarder un couple d'artistes évoluer sur leurs trapèzes là-haut. Ils s'élançaient, se balançaient, sautaient, leurs vols planés les envoyaient dans les bras de l'autre, l'un des deux attrapait son partenaire par les cheveux, avec ses dents. « Cela aussi, c'est la liberté humaine, cette maîtrise souveraine du mouvement », pensais-je. Quelle dérision de la divine nature ! Sous les hurlements de rire qu'un pareil spectacle arracherait à des singes, aucune bâtisse ne résisterait.

JACQUES : Lucy serait donc aussi un bon début pour des écrivains. Parfois, je me demande : de quel droit, à la demande de qui, écris-tu, au juste ? Tous les auteurs se posent la question de temps en temps. Que doit-on dire ? Qui se trouve derrière toi ? Il y a des collègues qui, lorsque la question est soulevée, jouent au mystique solitaire et silencieux, ils admettent, en feignant la tristesse, qu'ils n'ont personne derrière eux. Tout vient d'eux-mêmes. Parfois, à l'occasion, j'ai moi aussi ressenti la tentation de faire comme eux, mais lorsque j'y réfléchis bien, je me dis que c'est un mensonge. Chez l'animal qui a le langage, la solitude est toujours un mensonge. On a derrière soi tant et tant de personnes qui ont parlé, même si elles ne vous envoient pas en avant en ambassadeur. Et à l'avenir, il y aura encore des créatures vivantes qui parleront. Le flot de la parole est si large, il remonte beaucoup plus loin en arrière que les gens de plume n'ont coutume de l'admettre. Je ne veux pas parler des faiseurs de mythes et des fondateurs de religion, pas plus que des classiques, des philosophes ou des poètes. Ils sont de toute façon encore trop proches de nous, nous avons plus tendance à les éviter qu'à accepter des missions de leur part. Lucy, sur ce point, a une position plus favorable, elle est vraiment très éloignée, et pourtant, si ce que l'on dit est vrai, elle fait déjà partie de la famille. Je m'imagine une dame demi-singe accroupie à côté de moi, parfois, une lueur apparaît dans ses yeux, elle sent quelque chose venir, même si le langage n'existe pas encore pour elle. Mais qui sait, elle pressent le monde de la parole, elle sent qu'il existe des cadeaux qui volent à travers l'air, elle pressent sans doute aussi qu'il existe des effets dans le lointain. Puis elle me pousse sur le côté – ce n'est pas ma faute, mais il me semble que je comprends ce qu'elle veut dire. Vas-y, dis quelque chose. Même un ordre de mission, pas très précis, mais ça suffira pour commencer.

JACQUES : Philosophe allemand n° 1.

CLÉMENT : L'homme est venu du singe et il y retournera sans qu'il y ait personne pour s'intéresser à cet étrange dénouement de comédie.

— Comédien n° 2.

— Il faut aller chercher le singe en soi, tout au fond, là.

— Oh oui, j'aime bien le singe, celui dont le cul devient rouge quand il fait sa cour nuptiale.

JACQUES : Le singe arborant un postérieur rouge vif, c'est comme le paon déployant sa queue magnifique.

CLÉMENT : Darwin : Le Diable, c'est un babouin pour ancêtre.

JACQUES : Un jeune mandrill mâle qui se contemple pour la première fois dans le miroir. Il se regarde et, après un certain temps, il se retourne et présente son cul à la glace. D'après les observations du professeur Johan von Fischer, de Gotha (j'ai trouvé ça dans *Der zoologische Garten*, je donnerai la référence), les singes ont tous tendance à agir de cette manière lorsqu'on leur présente un nouveau singe, et que je te montre mon cul de plaisir, etc. Donc le singe devant le miroir ne s'était pas reconnu ; il croyait qu'on lui présentait quelqu'un.

CLÉMENT : L'habitude de tourner le postérieur en guise de salutations à un vieil ami ou à une nouvelle connaissance, qui nous semble si bizarre, ne l'est pas vraiment plus que certaines coutumes des hommes.

CLÉMENT : Bonjour.

DRAMATURGE-QUI-A-LU-SOPHOCLE : Quelle chimère que l'homme, et la plus chimérique de toutes les chimères (*Il sort en marmonnant ou marmottant*).

LUCIE : Moi, je veux avoir été créée.

CLÉMENT : Chrétiens qu'on avait oubliés.

LUCIE : Le singe ne peut rien pour nous. Il s'en fout de ses descendants, le singe. Mais quel bonheur d'être compris de Dieu. Savoir que quelqu'un vous comprend ! « Mais toi, Seigneur, tu sais tout de l'esprit de l'homme, parce que tu l'as fait. » Moi, j'ai besoin d'avoir été créée. Seul celui qui m'a créée peut me comprendre. Seul celui qui m'a créée peut me réparer quand je suis endommagée.

CLÉMENT : Darwin : Il faudra vous y faire : j'annonce que, pour un bon moment, croyez-moi, le singe est l'avenir de l'homme.

LUCIE : Le ver aussi est l'avenir de l'homme.

CLÉMENT : Comédiens, repartons à l'assaut des frontières.

(*Un temps*)

JACQUES : L'homme peut être excusé...

II – Dans le même bateau

JACQUES : L'homme peut être excusé de ressentir quelque orgueil à s'être élevé, même si ce n'est pas dû à ses propres efforts, jusqu'au sommet même de l'échelle organique ; et le fait qu'il se soit ainsi élevé, au lieu d'avoir été placé là à l'origine, peut lui donner l'espoir d'une destinée encore plus haute dans un lointain avenir.

L'homme dans son arrogance se croit une grande œuvre digne de l'intervention d'un dieu. Il est plus humble, et je pense plus vrai, de le considérer comme créé à partir des animaux. C'est ce que j'écrivais dans mes carnets de 1838.

Qu'est-ce qui ne va pas, monsieur Darwin ?

CLÉMENT : J'ai entendu mon père dire...

Quand ma mère mourut en juin 1817, j'avais un peu plus de 8 ans, et je ne me rappelle presque rien d'elle, sauf son lit de mort, sa robe de velours noir et sa table à ouvrage, curieusement faite. Je crois que mon absence de souvenirs incombe en partie à mes sœurs qui, à cause de leur chagrin, ne voulaient jamais en parler, ni prononcer son nom ; et cela tient également en partie à l'état d'invalidité de ma mère avant sa mort.

À l'école, mon goût pour l'histoire naturelle, et plus spécialement pour les collections, était déjà très prononcé. Cherchant le nom des plantes, je collectionnais toutes sortes de choses, coquilles, sceaux, cachets de poste, monnaies et minéraux... Cette passion de la collection, qui peut conduire un homme à devenir un naturaliste systématicien, un connaisseur ou un avare, était très forte chez moi et, de toute évidence, innée, car aucun de mes frères et sœurs n'eut jamais ce goût.

JACQUES : Innée, pas génétique.

CLÉMENT : J'avais un goût très prononcé pour la pêche et serais resté un temps infini assis sur la berge d'une rivière ou d'un étang, simplement à regarder le bouchon.

Dans la dernière partie de ma vie scolaire, je me passionnai pour la chasse. Comme je me rappelle bien ma première bécassine ! Mon excitation était telle que je ne parvenais pas à recharger mon fusil.

À 10 ans, j'allai passer trois semaines sur la côte du pays de Galles ; j'y découvris un gros insecte hémiptère noir et écarlate, de nombreux papillons ainsi qu'une cicindèle qui m'intéressèrent beaucoup et me surprirent. Je résolus de commencer une collection de tous les insectes que je pouvais trouver, mais morts. Je prenais beaucoup de plaisir à observer les habitudes des oiseaux ; je prenais même des notes. Je me souviens que, dans ma naïveté, je m'étonnais que tout gentleman ne devienne pas ornithologue.

Depuis des années, je ne puis plus supporter de lire une seule ligne de poésie. J'ai essayé récemment de lire Shakespeare, et je l'ai trouvé ennuyeux à mourir.

Ce qui augurait de mon avenir ? Mes goûts, affirmés et variés, un zèle prononcé pour les choses qui m'intéressaient, et ce vif plaisir que j'éprouvais à comprendre un sujet ou un objet complexe. Un maître m'enseigna Euclide, et je me rappelle distinctement la satisfaction intense que me procurait la clarté des preuves géométriques.

La première cicatrice. La vache dans la fenêtre. Mon premier souvenir, je n'avais pas quatre ans. J'étais assis dans la salle à manger sur les genoux de Caroline qui était en train de me peler une orange. Une vache passa devant la fenêtre en courant. Je sursautai et me coupai gravement ; j'ai encore la cicatrice aujourd'hui. Je me souviens très bien du lieu de la scène, de la cause de ma peur mais pas de la coupure elle-même.

J'ai entendu mon père dire qu'il croyait que les personnes aux grandes capacités intellectuelles pouvaient généralement avoir des souvenirs remontant à une période très précoce de leur vie.

À Cambridge, mon plus grand centre d'intérêt, ma plus grande source de plaisir était de collectionner les coléoptères. Simple passion de la collection. Un jour, en arrachant une vieille écorce, je vis deux scarabées rares et en pris un dans chaque main ; puis j'en vis un d'une troisième et nouvelle sorte, que je ne pouvais pas laisser échapper ; je fourrai donc dans ma bouche celui que je tenais dans ma main droite. Hélas ! il lâcha un fluide extrêmement acide qui me brûla la langue ; je fus obligé de recracher le scarabée, qui fut perdu, comme le troisième du reste. Je suis surpris de l'impression indélébile que m'ont laissée bien des coléoptères attrapés à Cambridge. Je me rappelle de l'apparence exacte de certains vieux arbres, des pieux ou des talus où je les prenais.

JACQUES : L'homme dans son arrogance se croit une grande œuvre digne de l'intervention d'un dieu. Il est plus humble et je pense plus vrai de le considérer comme créé à partir des animaux. C'est ce que j'écrivais dans mes carnets de 1838. Ça ne vous suffit pas ? Je continue. Si l'on considère la structure embryologique de l'homme, les homologies qu'il présente avec les animaux inférieurs, les traits rudimentaires qu'il conserve, nous pouvons imaginer en partie l'ancienne condition de nos premiers ancêtres ; et nous pouvons à peu près le mettre à la place qui leur revient dans la série zoologique. Ainsi l'homme descend d'un quadrupède velu et pourvu d'une queue, arboricole et habitant l'Ancien Monde. Un naturaliste qui aurait examiné sa structure aurait classé cette créature parmi les quadrumanes, encore plus sûrement que l'ancêtre plus ancien des singes de l'Ancien Monde et du Nouveau. Les quadrumanes et tous les mammifères supérieurs dérivent probablement d'un marsupial archaïque qui, lui-même, à travers une longue série de formes diversifiées, dérive d'une créature de type amphibien qui, elle-même, dérive d'un animal ressemblant à un poisson. Dans l'obscurité confuse du passé, nous voyons que l'ancêtre premier de tous les vertébrés a dû être un animal aquatique, pourvu de branchies, aux deux sexes réunis dans le même individu, et dont le cerveau et le cœur, organes du corps des plus importants, sont imparfaitement ou nullement développés. Cet animal devait ressembler aux larves des ascidiens marins actuels. Même pas des vertébrés !

Regarde-toi dans le miroir après ça.

CLÉMENT : Je suis une sorte d'autodidacte, et je suis ambitieux. J'ai une intelligence un peu au-dessous de la moyenne, et l'éducation que j'ai reçue m'a peu apporté. Ma chance, c'est ce voyage sur le *Beagle*.

(Pause)

(Tempête de théâtre)

JACQUES : En rentrant d'un voyage géologique au nord du pays de Galles, j'ai trouvé une lettre de mon professeur à Cambridge, Henslow, m'apprenant que le capitaine FitzRoy cherchait un jeune naturaliste pour accompagner, mais sans traitement, le voyage du *Beagle*. Je partagerais sa cabine. Sur-le-champ j'eus envie d'accepter, mais mon père émit de très fortes réserves.

LUCIE, JACQUES : Le voyage du *Beagle* ?

CLÉMENT : Peu honorable pour ma réputation de futur clergyman.

JACQUES : Projet déraisonnable. La place a dû être offerte à d'autres naturalistes que moi.

CLÉMENT : Si elle n'a pas été acceptée...

LUCIE : Je ne pourrai plus jamais me faire à une vie normale. Inconfort du voyage.

CLÉMENT : Ce serait encore un changement de profession aux yeux de mon père.

LUCIE : Ce serait une entreprise inutile.

CLÉMENT : Plus de quatre ans ? Mais je serai un vieillard à mon retour.

LUCIE : Je pars.

CLÉMENT : Je suis heureux comme un roi.

LUCIE : Difficultés du départ ; tempête, retour, etc. Déboires.

CLÉMENT : Deux mois terribles à Plymouth avant d'appareiller, « les plus misérables de mon existence ».

CLÉMENT : C'est que quelqu'un a enfermé un chat noir sous un baquet.

JACQUES : A black cat under the Beckett.

LUCIE : J'étais angoissé à l'idée de quitter ma famille et mes amis pour une aussi longue période, et le temps me paraissait incroyablement lugubre. J'avais des palpitations et des douleurs au cœur, et comme tout jeune homme ignorant et qui a un léger vernis de connaissances médicales, j'étais certain d'être cardiaque. Je ne consultai pas, redoutant le verdict d'inaptitude au voyage. Et je voulais partir coûte que coûte.

LUCIE : À bord on m'appelait « philosophe ».

JACQUES : Ce poulpe exhibe sa faculté de changer de couleur, quand il nage comme quand il reste au fond de l'eau. L'un d'entre eux, qui paraissait parfaitement comprendre que je l'observais, m'a amusé en usant de tous les moyens possibles pour échapper à mes regards. Il demeurait sans bouger pendant un moment puis avançait furtivement comme fait le chat se rapprochant de la souris ; quelquefois il changeait de couleur ; il s'avança jusqu'à l'endroit où l'eau était plus profonde puis s'élança en s'enveloppant d'un nuage d'encre pour cacher le trou où il se réfugiait.

LUCIE : Tout ce à quoi je pensais ou que je lisais était directement lié à ce que j'avais vu ou devais voir. Cette habitude intellectuelle dura les cinq ans du voyage. C'est cet entraînement, j'en suis sûr, qui m'a rendu capable de faire ce que j'ai fait dans les sciences.

CLÉMENT : Parfait ouragan de plaisir et d'étonnement depuis que j'ai quitté l'Angleterre.

JACQUES : Bahia ou San Salvador, Brésil, 29 février. Une journée délicieuse ! Délicieux, le mot est bien trop faible pour exprimer les sentiments d'un naturaliste qui, pour la première fois, erre dans une forêt brésilienne. L'élégance des herbes, la nouveauté des plantes parasites, la beauté des fleurs, le vert éblouissant du feuillage, mais surtout la vigueur et l'éclat de toute cette végétation m'emplissent d'admiration. Un mélange étrange de bruit et de silence règne dans toutes les parties couvertes du bois.

LUCIE : Mon esprit s'est développé pendant le voyage ; mon père a dit, mon père qui était l'observateur le plus fin que j'aie connu, mon père a dit à mon retour : « Tiens, la forme de sa tête a complètement changé. »

JACQUES : Les insectes font un tel bruit qu'on les entend du bateau à l'ancre à plusieurs centaines de mètres de la côte.

LUCIE : Ajouter des faits nouveaux à la grande masse des phénomènes des sciences naturelles.

JACQUES : Pourtant, à l'intérieur de la forêt, il règne un silence universel. Celui qui aime l'histoire naturelle éprouve en un jour comme celui-là un plaisir, une joie intense telle qu'il ne peut espérer en connaître à nouveau.

LUCIE : Les Fuégiens qui se trouvaient dans le canot dont je viens de parler étaient absolument nus, même une femme dans la force de l'âge qui se trouvait avec eux. La pluie tombait à torrents et l'eau douce, se mêlant à l'écume de la mer, ruisselait sur le corps de cette femme.

JACQUES : Il me faudrait un crâne de singe.

CLÉMENT : Aujourd'hui encore les somptuosités de la végétation tropicale sont présentes à mon esprit avec plus d'éclat que quoi que ce soit. Le sens du sublime ! Le manque de confort ! La présence du danger !

LUCIE : Dans une autre baie à peu de distance, une femme qui nourrissait un enfant nouveau-né vint un jour près du bateau : la curiosité l'y retint fort longtemps ; pourtant la neige tombait sur sa poitrine nue et sur le corps de son enfant.

CLÉMENT : La guerre contre les Indiens : tous les Européens y voient une guerre juste parce qu'elle est contre des Barbares. Des femmes qui semblent avoir vingt ans passés sont massacrées de sang-froid parce qu'elles se reproduisent trop. Qui croirait que se sont commises de telles atrocités en ces temps-ci et dans un pays chrétien civilisé ?

JACQUES : Il me faudrait un crâne de singe.

CLÉMENT : 16 août 1838...

JACQUES : Magnifique vision du monde qui découle des lois de l'harmonie implicites dans ma théorie de l'évolution.

CLÉMENT : La grande punaise noire des pampas.

LUCIE : Oh ! elle m'a piqué !

JACQUES : Autrement plus grandiose que l'idée, née d'une imagination étriquée, que Dieu créa une infinité d'espèces particulières en des endroits particuliers, telles que le rhinocéros à Java et à Sumatra, et depuis le silurien, une longue chaîne d'ignobles mollusques.

CLÉMENT : Le parfait gaucho : maté + cigares. La belle vie. 4 800 km à cheval plus les nuits à la belle étoile. À Lima les femmes sont élégantes dans leurs robes élastiques noires et leurs voiles de soie, noirs aussi mais qui ne découvrent qu'un seul œil.

LUCIE : L'autruche et son impossibilité de voler.

CLÉMENT : C'est qu'au cours des cinq années de mon voyage qui marquèrent, pourrait-on dire, le début de ma vraie vie du fait de l'activité que j'y ai déployée, tout mon plaisir m'est venu de ce qui se passait dans ma tête tandis que, livré à moi-même, j'admirais le paysage, que je traversais les déserts sauvages et les forêts glorieuses, ou que nuitamment j'arpentais le pont du pauvre petit *Beagle*.

LUCIE, CLÉMENT : *Beagle, Beagle, Beagle* !

LUCIE : On ne sait pas ordinairement que les autruches se jettent facilement dans l'eau.

CLÉMENT : Je suis un millionnaire en petits faits étranges...

JACQUES : Peu après le coucher du soleil, nous bivouaquons pour la nuit. La femme qui nous accompagne est somme toute assez jolie ; elle appartient à une des familles les plus respectables de Castro, ce qui ne l'empêche pas de monter à cheval comme un homme ; d'ailleurs elle n'a ni bas ni souliers.

LUCIE : *Canis fulvipes.*

CLÉMENT : J'arrivai sur l'île de San Pedro. Un renard (*Canis fulvipes*), espèce particulière, dit-on, à cette île, où elle est même fort rare, et qui est nouvelle, était assis sur un rocher. Il était si absorbé dans la contemplation de deux officiers que je pus m'approcher de lui et lui casser la tête avec mon marteau de géologue. Ce renard, trop curieux ou ami des sciences, mais en tout cas moins sage que la plupart de ses frères, se trouve aujourd'hui dans le muséum de la Société géologique.

LUCIE : Les tortues. Les tortues de l'île Charles ont une carapace épaisse par-devant qui ressemble un peu à une selle espagnole ; les tortues de l'île James, au contraire, sont plus rondes, plus noires. Les tortues de l'île Charles...

JACQUES : Le poème du condor :

Le condor ne construit pas de nid ;
les paysans du Chili me l'ont dit.
En novembre ou décembre
La femelle dépose
deux gros œufs blancs
sur le bord d'un rocher.
Il paraît que les jeunes condors
Ne volent que vers un an.
Longtemps après encore
ils viennent percher la nuit
auprès de leurs parents.
Les vieux condors
vivent en couples le plus souvent.
Au milieu des roches basaltiques du Santa Cruz,
j'ai trouvé un endroit
très fréquenté par les condors.
Voir s'envoler et lourdement
Vingt à trente de ces grands oiseaux
Et décrire dans le ciel des cercles majestueux
Quel spectacle magnifique.
La fiente en quantité
Que j'ai trouvée sur ce rocher
Est la preuve vivante du séjour
Coutumier des oiseaux en ces lieux.

CLÉMENT : ... et ont un meilleur goût quand on les cuit.

CLÉMENT : Vers la fin du voyage, sur l'île d'Ascension, je reçus une lettre de mes sœurs m'informant qu'on disait à Londres que je serais un homme de science important.

JACQUES : Durant ces deux années, j'ai été amené à beaucoup réfléchir sur la religion.

CLÉMENT : Après la lecture de cette lettre, je grimpais en bondissant les montagnes d'Ascension, faisant résonner les roches volcaniques sous mon marteau de géologue.

JACQUES : Je réfléchissais de plus à la nécessité d'une évidence éclatante pour qu'un homme sain d'esprit puisse accepter les miracles qui soutiennent le christianisme.

LUCIE : Un chercheur a vu, en Amérique du Nord, l'ours noir nager pendant des heures, la gueule grande ouverte, et attraper ainsi des insectes dans l'eau, à peu près comme le ferait une baleine. Même dans un cas aussi extrême, si le nombre des insectes était constant, et s'il n'existait pas encore de concurrents mieux adaptés dans la région, je ne vois pas de difficultés à l'idée qu'une race d'ours soit rendue, par la sélection naturelle, plus aquatique dans sa structure et ses habitudes, avec une bouche de plus en plus grande, jusqu'à ce qu'une créature aussi monstrueuse qu'une baleine soit produite.

JACQUES : Plus nous connaissons les lois immuables de la nature, plus les miracles deviennent incroyables.

CLÉMENT : Enfin sont venus des rayons de lumière et je suis presque convaincu (contrairement à ce que je pensais au départ) que les espèces ne sont pas (on croirait confesser un meurtre) immuables. Je crois avoir trouvé (quelle présomption !) par quelle voie simple les espèces s'adaptent merveilleusement à diverses fins.

Loin d'être une création spéciale, l'homme descendrait de bêtes brutes, c'est dur à avaler.

JACQUES : Désormais nous ne pouvons plus prétendre que la belle charnière d'une coquille bivalve doive avoir été faite par un être intelligent, comme la charnière d'une porte par l'homme. Le vieil argument d'une finalité dans la nature, qui me semblait autrefois si concluant, est tombé depuis la découverte de la loi de sélection naturelle. Il ne semble pas qu'il y ait une plus grande finalité dans la variabilité des êtres organiques ou dans l'action de la sélection naturelle que dans la direction où souffle le vent.

INTERMITTENCE

LUCIE : Ainsi, j'ai élevé 233 jeunes plants de choux provenant de différentes variétés poussant les unes près des autres, et, sur ces deux cent trente-trois plants, soixante-dix-huit seulement étaient de race pure, et encore quelques-uns étaient légèrement altérés. Cependant, le pistil de chaque fleur, chez le chou, est non seulement entouré de six étamines mais encore par celles de nombreuses fleurs qui se trouvent sur le même plant. Comment se fait-il donc qu'un si grand nombre des jeunes plants soient des métis ? Cela doit provenir de ce que le pollen d'une variété distincte est doué d'un pouvoir fécondant plus actif que le pollen de la fleur elle-même, et que cela fait partie de la loi générale en vertu de laquelle le croisement d'individus distincts de la même espèce est avantageux à la plante.

— C'est une satisfaction pour moi de l'écrire : lorsque j'en parle avec vous je ne sais pas exactement ce que j'ai envie de dire, et je sais que vous êtes patient avec votre chère femme. Ne pensez pas que cela n'est pas mon affaire et que cela n'a pas beaucoup de sens pour moi. Tous ce qui vous concerne me concerne et je serai très malheureuse si je pensais que nous ne nous appartenons pas l'un à l'autre pour toujours. Je suis très effrayée que mon cher Nègre puisse penser que j'ai oublié ma promesse de ne pas l'ennuyer.

— Vous demandez si je vais parler de l'homme. Je crois que je vais éviter la question, tant elle est entourée de préjugés, même si je reconnais qu'il n'est pour le naturaliste de problème plus important ni plus intéressant.

— Quelle guerre incessante d'insecte à insecte, quelle lutte entre les insectes, les limaces et d'autres animaux analogues, avec les oiseaux et les bêtes de proie, tous s'efforçant de multiplier, se mangeant les uns les autres, ou se nourrissant de la substance des arbres, de leurs graines et de leurs jeunes pousses, ou des autres plantes qui ont d'abord couvert le sol et qui empêchaient, par conséquent, la croissance des arbres.

III – Un mariage et deux enterrements

JACQUES : Mais nous pouvons nous consoler avec la certitude que la guerre n'est pas incessante dans la nature, que la peur y est inconnue, que la mort est généralement prompte, et que ce sont les êtres vigoureux, sains et heureux qui survivent et se multiplient.

Tandis que notre planète, obéissant à la loi fixe de la gravitation, continue à tourner dans son orbite, une quantité infinie de belles et admirables formes sorties d'un commencement si simple, n'ont pas cessé de se développer et de se développer encore.

CLÉMENT : Se marier ou ne pas se marier (telle est la question). Notes au crayon de 1837-1838, premier feuillet,

Si pas de mariage, VOYAGE ? Europe-Oui ? Amérique ??? Si je voyage, cela doit être exclusivement géologique. États-Unis, Mexico. Dépend de la santé et de la force, et de la façon dont je deviens zoologiste.

Si je ne voyage pas, travail sur les Espèces – microscope – les plus simples formes de vie – Géologie ? – Formations les plus anciennes – Certaines expériences – observations physiologiques sur les animaux inférieurs.

Si mariage – moyens limités – Sentir le devoir de travailler pour l'argent. Vie à Londres, rien que la Société, pas de campagne, pas de voyages, pas de grande collection zoologique, pas de livres. – Professeur à Cambridge, soit Géologie soit Zoologie – remplir toutes les conditions ci-dessus.

Je ne pourrais pas faire aussi bien de la Zoologie systématique.

JACQUES : Se marier...

CLÉMENT : Où ne pas se marier, telle est la question.

— Se marier :

Enfants – (s'il plaît à Dieu) – compagne, amie une fois l'âge venu, qui s'intéresse à vous, objet à aimer et avec qui se divertir – mieux qu'un chien de toute façon – Maison, et quelqu'un pour la tenir – Charmes de la musique et bavardage féminin. Choses bonnes pour la santé. Forcé de faire des visites et de recevoir des parents, terrible perte de temps.

JACQUES : Si tous les individus d'une espèce devaient habituellement souffrir à un degré extrême, ils négligeraient de se propager. Mais nous n'avons pas de raison de croire que cela se soit jamais, ou du moins souvent, produit. De plus, d'autres considérations mènent à croire que tous les êtres sensibles ont été formés pour jouir du bonheur, en règle générale.

CLÉMENT : La diversité des races de pigeons est vraiment étonnante. Si l'on compare le messager anglais avec le culbutant courte-face, on est frappé de l'énorme différence de leur bec, entraînant des différences correspondantes dans le crâne.

JACQUES : Charles !

CLÉMENT : Je ne crois même pas qu'aucun ornithologue consentirait à placer dans un même genre le messager anglais, le culbutant courte-face, le runt, le barbe, le grosse-gorge et le paon…

JACQUES : Charles !

CLÉMENT : Ne pas se marier.

Liberté d'aller où l'on veut. Choisir une Société et la fréquenter peu. Conversations avec hommes intelligents dans les clubs.

JACQUES : Avant mes fiançailles, mon père me conseilla de cacher soigneusement mes doutes, car, disait-il, cela provoquait des souffrances extrêmes chez des gens mariés. Mon père citait souvent un argument irréfutable par lequel une vieille dame, une certaine Mrs Barlow, qui le soupçonnait de ne pas être orthodoxe, espérait le convertir : « Docteur, je sais que le sucre est doux à ma bouche, et je sais que mon Rédempteur est vivant. »

CLÉMENT : Ne pas se marier.

Pas forcé de rendre visite aux parents, et de se plier à toutes les broutilles – subir la dépense et l'anxiété pour les enfants – peut-être des scènes.

Perte de temps – ne pas pouvoir lire le soir – gras et oisif – anxiété et responsabilité – moins d'argent pour les livres, etc. – si beaucoup d'enfants, forcé de gagner son pain. – (Mais alors très mauvais pour la santé de travailler trop.)

Peut-être ma femme n'aimera pas Londres ; alors la sentence est le bannissement et la déchéance dans la bêtise indolente et oisive.

JACQUES : Vous avez déjà entendu un singe déclarer : « Ce soir je fonde une famille » ? Non, le singe, il y va parce que ça le titille au niveau de l'hypothalamus, sans se poser de questions, le reste suit, quelques mois plus tard. Nous aussi on a un hypothalamus, hormones et tout le tintouin, pas une raison pour oublier son cortex. Nature culture, hypothalamus contre cortex. Tout le monde perd à la fin. Le cortex, il a inventé les préservatifs, la pilule, la vasectomie, et même l'abstinence. Faut pas rigoler.

CLÉMENT : Mon Dieu, il est intolérable de penser à passer sa vie entière comme une abeille ouvrière, à travailler, travailler et rien d'autre.

Non, ça ne colle pas. – Passer toute la journée solitaire dans une maison de Londres, sale et enfumée. – Mais une jolie femme douce sur un sofa, avec un bon feu, des livres et pourquoi pas de la musique – Se marier – Se marier. C.Q.F.D.

JACQUES : Qu'il y ait beaucoup de souffrance dans le monde, personne n'en disconvient. Certains ont tenté d'expliquer cela par référence à l'homme, en imaginant que cela sert à son perfectionnement moral. Mais le nombre des hommes dans le monde est presque insignifiant comparé à celui de l'ensemble des autres êtres sensibles, et ceux-ci souffrent souvent beaucoup, sans l'ombre d'un perfectionnement moral.

CLÉMENT : Le mariage étant prouvé nécessaire – Quand ? Tôt ou tard. Tôt car autrement, mauvais si l'on a des enfants – le caractère est plus souple – les sentiments sont plus vifs, et si on ne se marie pas de bonne heure, on manque quantité de bonheurs purs.

JACQUES : Nous devons ainsi reconnaître que l'homme, avec toutes ses nobles qualités, avec la sympathie qu'il éprouve à l'égard des plus déchus, avec la bienveillance qu'il étend non seulement aux autres hommes mais à la plus humble créature vivante, avec son intelligence, à l'image de celle d'un Dieu (godlike intellect), qui a pénétré les mouvements et la constitution du système solaire, avec toutes ses capacités sublimes, l'homme porte toujours dans sa construction corporelle l'empreinte indélébile de sa basse origine.

CLÉMENT : Maintenant comment pourrais-je m'occuper de mes affaires si j'étais obligé d'aller tous les jours me promener avec ma femme ? – Hélas ! Je ne devrais jamais connaître la France – ni le Continent – ni l'Amérique, je ne monterais pas en ballon, ne ferais pas de voyage au pays de Galles – Sans femme on était meilleur qu'un ange et on avait de l'argent. Ça ne fait rien, faire confiance à la chance – Garder l'œil aigu – Il y a beaucoup d'esclaves heureux.

JACQUES : N'avez-vous pas entendu parler de ce forcené qui, en plein jour, avait allumé une lanterne et s'était mis à courir sur la place publique en criant sans cesse : « Je cherche Dieu ! Je cherche Dieu ! » Comme il se trouvait là beaucoup de ceux qui ne croyaient pas en Dieu, son cri provoqua une grande hilarité. « L'as-tu donc perdu ? » disait l'un. « S'est-il égaré comme un enfant ? » demandait l'autre. « Ou bien s'est-il caché ? A-t-il peur de nous ? S'est-il embarqué ? A-t-il émigré ? » – ainsi criaient et riaient-ils tous à tort et à travers. Le forcené sauta au milieu d'eux et les transperça de son regard. « Où est allé Dieu ? s'écria-t-il, je vais vous le dire. Nous l'avons tué – vous et moi ! Nous tous, nous sommes ses assassins ! Mais comment avons-nous pu boire d'un trait la mer tout entière ? Qui nous a donné l'éponge pour effacer tout l'horizon ? Que faisions-nous lorsque nous détachions cette Terre de son Soleil ? Vers où se meut-elle à présent ? N'est-ce pas loin de tous les soleils ? Ne tombons-nous pas sans cesse ? En avant, en arrière, de côté, de tous les côtés ? Y a-t-il encore un en-haut et un en-bas ? N'errons-nous pas comme à travers un néant infini ? Le souffle du vide ne nous effleure-t-il pas de toutes parts ? Ne fait-il pas plus froid ? Ne voyez-vous pas venir la nuit et toujours la nuit ? Ne faut-il pas allumer des lanternes en plein jour ? N'entendons-nous toujours rien du bruit des fossoyeurs qui enterrent Dieu ? Ne sentons-nous toujours rien de la décomposition divine ? Car les dieux aussi se décomposent ! Dieu est mort ! Dieu reste mort ! Et c'est nous qui l'avons tué ! Comment nous consolerons-nous, les meurtriers des meurtriers ? Ce que le monde a possédé jusqu'à présent de plus sacré et de plus puissant a perdu son sang sous nos couteaux – qui effacera de nous ce sang ? Avec quelle eau nous purifierons-nous ? Quelles expiations, quels jeux sacrés nous faudra-t-il désormais inventer ? La grandeur de cet acte n'est-elle pas trop grande pour nous ? Ne sommes-nous pas forcés de devenir nous-mêmes des dieux pour du moins paraître dignes d'eux ? Il n'y eut jamais acte plus grandiose – et ceux qui pourront naître après nous appartiendront, à cause de cet acte, à une histoire plus élevée que ne le fut jamais toute histoire ! » – ici, le forcené se tut et regarda de nouveau ses auditeurs : eux aussi se turent et le dévisagèrent avec étonnement. Enfin il jeta à terre sa lanterne, en sorte qu'elle se brisa en morceaux et s'éteignit. « Je viens trop tôt, dit-il alors, mon temps n'est pas encore venu. Cet événement énorme est encore en route – il n'est pas encore parvenu jusqu'aux oreilles des hommes. Il faut du temps à l'éclair et au tonnerre, il faut du temps à la lumière des astres, il faut du temps aux actes, même lorsqu'ils sont accomplis, pour être vus et entendus. Cet acte-là est encore plus loin d'eux que l'astre le plus éloigné, et pourtant ils l'ont accompli ! » On raconte encore que le forcené aurait pénétré le même jour dans différentes églises et aurait entonné son *Requiem aeternam Deo*. Conduit dehors et interrogé, il n'aurait cessé de répondre : « Mais que sont donc encore les églises, sinon les tombes et les monuments funéraires de Dieu ? »

LUCIE : J'ai mal à l'estomac.

CLÉMENT : Lettre de Emma à Charles.

LUCIE : Puisse cette habitude scientifique de ne rien croire qui n'ait été prouvé ne pas trop influencer votre esprit en d'autres matières, celles qui ne peuvent être prouvées de la même manière et qui, si elles sont vraies, sont probablement au-delà de notre compréhension. Je veux dire aussi qu'il y a un danger à abandonner la révélation qui n'existe pas de l'autre côté.

LUCIE : Emma ?

CLÉMENT : Oui.

LUCIE : Lettre de Emma à Charles.

CLÉMENT : Vous savez assez comme je vous aime, j'en suis sûre, pour croire que je me préoccupe de vos souffrances à peu près autant que si c'étaient les miennes, et la seule aide que je trouve pour mon esprit, c'est de recevoir cela de la main de Dieu, et d'essayer de croire que toute souffrance ou maladie a pour but de nous aider à élever nos esprits, et de considérer l'avenir avec l'espérance d'une existence future.

LUCIE : Quand je vois votre patience, votre profonde compassion pour les autres, votre maîtrise de vous-même et surtout la gratitude que vous témoignez à la moindre tentative pour vous soulager, je ne peux m'empêcher de désirer que ces précieux sentiments soient offerts au Ciel en faveur de votre bonheur quotidien.

CLÉMENT : Mais je trouve cela assez difficile dans mon propre cas. Je pense souvent aux paroles : « Tu le garderas dans une paix parfaite, celui dont l'esprit s'est appuyé sur toi ! »

LUCIE : C'est le sentiment et non la raison qui conduit à la prière.

CLÉMENT : Darwin : J'ai l'extrémité des doigts effroyablement engourdie.

LUCIE : Père : Oui, oui, exactement.

CLÉMENT : J'ai l'extrémité des doigts effroyablement engourdie.

LUCIE : Père : Tut-tut, névralgique, exactement ça en effet.

CLÉMENT : Darwin : Et aussi ces ennuis d'argent, ma ruine imminente, non ?

LUCIE : Père : Allons donc !

CLÉMENT : Je suis une loque valétudinaire.

JACQUES : Je suis un chien triste et abattu.

CLÉMENT : Je crois qu'en vieillissant on devient bête.

JACQUES : Qu'est-ce qui ne va pas, monsieur Darwin ?

LUCIE : L'homme descend du singe,

CLÉMENT : Comment je vais le dire à ma femme ?

LUCIE : Emma !

CLÉMENT : Oui, Emma.

LUCIE : Qu'est-ce qui ne va pas, monsieur Darwin ?

CLÉMENT : J'ai mal à l'estomac.

LUCIE : Je constate que la caboche et l'estomac sont deux forces antagonistes. Je ne puis dire quel rapport entretient la pensée et la digestion du rosbif, mais ce sont des facultés jumelles.

CLÉMENT : Charles s'effondre quelques jours avant l'accouchement d'Emma. Charles : Quelle affreuse chose qu'un accouchement ; ça m'a éreinté presque autant qu'Emma elle-même.

Réponse ? Vomissements périodiques.

Grossesse d'Emma : Elle n'ira pas mieux tant qu'elle ne sera pas plus mal.

Mercredi est survenu un événement dérangeant : un petit garçon nous est né. Peut-être sera-t-il naturaliste.

LUCIE : Retrouver une vie paisible, sans le moindre objet nouveau à proximité.

JACQUES : Vous êtes bien bon de vous inquiéter de ma santé ; je n'ai rien à en dire, puisqu'elle est toujours la même, tantôt c'est mieux, tantôt c'est pire. Je crois bien n'avoir jamais passé une journée entière, ou plutôt une nuit, depuis trois ans, sans que mon estomac ne soit gravement troublé, et le plus clair des jours se sont écoulés dans un profond accablement : merci de votre bonté ; nombre de mes amis me trouvent hypocondriaque, je crois.

LUCIE : J'ai passé un sale hiver. Mon malheureux père est mort le 13 novembre. J'ai entendu mon père dire...

CLÉMENT : Tout au long de l'automne et de l'hiver derniers, ma santé est allée de mal en pis ; nausées incessantes, mains tremblantes et vertiges. Je pensais que j'allais connaître le destin de toute chair.

LUCIE : À l'époque j'ai été mal au point de ne pouvoir me déplacer, ce qui n'a fait qu'aggraver mes malheurs. De fait tout au long de cet hiver, j'ai été assez mal et mon système nerveux a commencé à être touché, au point que mes mains tremblaient et que souvent j'avais la tête qui tournait.

CLÉMENT : J'ai passé un été assez pénible.

LUCIE : Un jour sur trois j'étais absolument incapable de quoi que ce soit et j'étais beaucoup trop démoralisé pour vous écrire, ou faire autre chose que ce à quoi j'étais obligé. Je pensais que je connaîtrais rapidement le destin de toute chair.

CLÉMENT : J'ai fini par me rallier un peu à votre théorie, à savoir que mes méninges n'étaient pas faites pour penser.

LUCIE : Je suis cloué sur le sofa par des furoncles.

CLÉMENT : Je suis allé par deux fois passer quinze jours à Moor Park, et je me suis senti si extraordinairement mieux que je ne puis attribuer la différence qu'au travail intellectuel. J'ai rechuté sitôt rentré.

JACQUES : Je retourne à mes bernaches ? Huit ans sur les bernaches. Ce n'est pas des mollusques mais des crustacés, des arthropodes.

LUCIE : Hydrothérapie : l'un des effets les plus singuliers du traitement, c'est qu'il induit chez la plupart des gens, et au suprême degré dans mon cas, la plus complète stagnation d'esprit ; j'ai cessé de penser, fût-ce aux bernaches, mes chères bernaches !

JACQUES : Tu n'imagines pas le plaisir misérable que j'éprouve en examinant un animal qui diffère largement d'un genre connu.

CLÉMENT : Charles.

JACQUES : Docteur ?

CLÉMENT : Votre étude sur les bernaches, d'accord, mais pas plus de deux heures et demie par jour. Pas d'autres lectures, si ce n'est la presse.

JACQUES : Je crains de souffrir autant de l'ennui que du ventre.

LUCIE : Il faut tenir un *Journal de santé*. Je le ferai jusqu'en 1855.

CLÉMENT : Mon esprit ressemble désormais à une sorte de machine à moudre les lois générales.

JACQUES : L'ennui sans fond des vacances. L'ennui tout court aussi.

LUCIE : Je commence à avoir des doutes sur les bienfaits de l'hydrothérapie. Le docteur Fox affirme que n'importe quel remède soigne n'importe quelle maladie.

CLÉMENT : Vérité profonde.

JACQUES : J'ai parcouru sept miles ! Je me transforme en machine à marcher et à manger.

CLÉMENT : Et si je m'étais fourvoyé ?

JACQUES : Bernaches, bernaches... je hais les bernaches comme jamais homme avant moi.

LUCIE : Les espèces : je me demande souvent si je ne vais pas me laisser totalement submerger.

Nausées.

CLÉMENT : Le jour où vous saurez où me conduisent mes efforts, vous me trouverez déraisonnable et insensé.

LUCIE : Stratégie : dissimuler mon matérialisme.

CLÉMENT : Je m'attends à ce que mes vues soient reçues avec mépris.

Si vous condamniez cela, c'est le travail de toute ma vie que vous condamneriez, ce qui me laisserait, je l'avoue, un peu abattu.

LUCIE : Vous m'interrogez sur mon livre : tout ce que je puis dire, c'est que je suis prêt au suicide.

CLÉMENT : J'ai maintes fois été parcouru d'un frisson glacé en me demandant si je n'avais pas consacré toute ma vie à une chimère.

J'ai la migraine.

LUCIE : Quelle pitoyable famille nous formons ; nous devrions être exterminés.

CLÉMENT : Charles ne se rendit jamais sur la tombe de sa fille, pas plus qu'il n'assista à son enterrement.

LUCIE : Il a toujours été persuadé qu'Annie avait hérité sa maladie. Que lui-même avait héritée de sa mère, pensait-il.

CLÉMENT : Annie, la fille préférée de Charles, vomit. Annie vomit aussi. Annie meurt. Annie vomit, Annie meurt... mais c'est de la souffrance de Charles que tout le monde parle.

JACQUES : J'ai frôlé le pire : je me suis penché sur l'homme, comme un naturaliste le ferait sur tout autre mammifère... Il ne fait aucun doute que l'on puisse classer l'homme au nombre des primates, si ce n'est qu'il a des pouvoirs mentaux peu communs. Seul notre préjugé naturel et cette arrogance qui a conduit nos aïeux à déclarer qu'ils descendaient de demi-dieux nous font reculer devant cette conclusion.

LUCIE : Charles est allé se coucher.

CLÉMENT : Je crains terriblement la formidable opposition, dans l'opinion, sur toutes les questions de classification (*un insecte passe*).

LUCIE : Mon *Origine des espèces* est la cause, je crois, de l'essentiel des maux dont ma chair hérite.

CLÉMENT : Sans espoir et bon à rien, un pauvre diable usé.

LUCIE : Lutter contre l'idée d'une parfaite adaptation de chaque espèce à un dessein général et bienfaisant.

J'ai mal aux dents.

JACQUES : Effroi : je reprends mon travail sur l'homme. Un très mince volume : je publierai cet automne un nouveau livre partiellement consacré à l'homme, et dont j'ose dire qu'il sera décrié par beaucoup comme très mauvais.

LUCIE : Je vais me laisser pousser la barbe.

JACQUES : Emma : Je crois que ce sera très intéressant mais que ça me déplaira fort parce qu'il va laisser une fois de plus Dieu sur la touche.

Résultat : deux gros volumes publiés en février 1871, sous un double titre : *Descendance de l'homme,*

CLÉMENT : *and Selection in Relation to Sex.*

LUCIE : Je crois bien que j'irai dans la tombe en grommelant et en grognant, en proie à des malaises quotidiens, sans même une heure de rémission.

CHŒUR : Vexation, vexation, vexation !

CLÉMENT : Terrible fatigue : ça suffit pour avoir envie d'être en paix dans une tombe.

J'ai des palpitations.

LUCIE : Emma : À présent Charles traite la drosera (*cette plante qui bouffe des insectes, note de la mise en scène*), la drosera, juste comme un être vivant, et je suppose qu'il espère finir par prouver que c'est un animal.

CLÉMENT : Plus je fouille le sujet, plus je sombre dans le doute et la difficulté.

JACQUES : Emma : Father s'est mis en tête d'instruire des vers de terre, mais il ne fait guère de progrès, parce qu'ils ne voient ni n'entendent. Ils sont cependant amusants et passent des heures à se saisir du bord d'une feuille de chou et à essayer vainement de l'entraîner dans leurs trous.

LUCIE : Entre une plante et un animal, quelle différence ?

CLÉMENT : J'en suis donc réduit à attendre impatiemment le cimetière de Down, le plus tendre séjour qui soit sur Terre. Que vais-je faire des quelques années de vie qui me restent ?

LUCIE : Ayant été conduit à conserver dans mon bureau durant de nombreux mois des vers dans des pots remplis de terre, je me mis à m'intéresser à eux, et souhaitai apprendre jusqu'à quel point ils réagissent consciemment, et de quel niveau de capacité mentale ils faisaient preuve.

CLÉMENT : Je fus ainsi entraîné à conclure que toute la terre végétale sur la totalité du pays est passée de nombreuses fois, et repassera encore de nombreuses fois, à travers les canaux intestinaux des vers.

Les vers ont des habitudes nocturnes, et l'on peut les voir, la nuit, ramper çà et là en grand nombre...

JACQUES : Les vers ont des habitudes nocturnes, et l'on peut les voir, la nuit, ramper çà et là en grand nombre, mais gardant ordinairement la queue enfoncée dans leurs galeries. Par la dilatation de cette partie de leur corps, et à l'aide des courtes soies légèrement recourbées dont leur corps est armé, ils tiennent si solidement accrochés que l'on peut rarement les arracher du sol sans les mettre en pièces.

CLÉMENT : Les vers ne possèdent pas le moindre sens auditif. Ils sont indifférents aux cris, si l'on prend garde que le souffle ne les touche pas. Placés sur une table à côté des touches d'un piano, dont on joue aussi fort que possible, ils restent parfaitement tranquilles.

JACQUES : Chez les vers, non seulement le contenu des intestins, mais aussi les matières qu'ils expulsent ou les déjections, sont en général acides.

CLÉMENT : Chez les vers, le sens de l'odorat se limite apparemment à la perception de certaines odeurs, et il est faible. Ils étaient tout à fait indifférents au souffle de ma respiration, tant que je soufflais sur eux très doucement. Ils faisaient preuve de la même indifférence à mon souffle lorsque je chiquais du tabac, et lorsque j'avais dans la bouche une boulette de coton imprégnée de quelques gouttes de parfum de mille-fleurs ou d'acide acétique.

LUCIE : Je n'ai pas le moins du monde peur de la mort.

CLÉMENT : Leur passion sexuelle est assez forte pour surmonter un temps leur crainte de la lumière.

JACQUES : Ils ont peut-être une trace de sentiment social, car cela ne les dérange pas de ramper les uns sur les corps des autres, et ils demeurent parfois en contact.

CLÉMENT : Selon Hofmeister, ils passent l'hiver soit isolés, soit roulés en boule avec d'autres au fond de leurs galeries.

Qualités mentales. Il y a peu à dire sur ce chapitre. Nous avons vu que les vers sont craintifs. On peut douter qu'ils éprouvent autant de douleur, lorsqu'ils sont blessés, qu'ils semblent en exprimer par leurs contorsions.

JACQUES : Si les vers ont la capacité d'acquérir quelque idée, si grossière soit-elle, de la forme d'un objet et de celle de leurs galeries, comme cela semble être le cas, ils méritent d'être qualifiés d'intelligents ; car ils agissent alors presque de la même manière que le ferait un homme dans des circonstances semblables.

LUCIE : Emma, n'oublie pas quelle bonne épouse tu as été pour moi.

Je la supporterai mieux (cette attaque) si tu restes éveillée.

Le cerveau d'une fourmi est l'un des plus merveilleux atomes de matière qui soit au monde, peut-être plus merveilleux que le cerveau de l'homme.

JACQUES : Lorsque nous contemplons une vaste étendue de gazon, il nous faut nous rappeler que son aspect uni, dont dépend une si grande part de sa beauté, est principalement dû à ce que toutes les inégalités ont été lentement nivelées par les vers. La charrue est l'une des plus anciennes et des plus précieuses inventions de l'homme. Mais bien avant que l'homme existât, le terrain était en fait régulièrement labouré et continue à l'être par les vers de terre.

INTERMÈDE/PAUSE/IMPROMPTU ?

Rapport pour une académie 2

Éminents Académiciens,

Vous me faites l'honneur de m'inviter à remettre à votre Académie un rapport sur ma vie antérieure de singe et de revenir sur la manipulation qui m'a permis d'être reçu parmi vous ce soir. Cette belle manipulation eut aussi l'avantage de mettre fin à toutes les spéculations sur la frontière entre l'homme et le singe, entre vous et moi. Souvenez-vous de ces vieilles et lancinantes questions : quels sont les gènes qui font que nous sommes différents ? En quoi sommes-nous différents ? Ces différences sont-elles graduelles ? sont-elles brutales ? Le génotype est-il suffisant pour en décider ? Quid de la culture et du langage ? Souvenez-vous comme vous étiez, vous les hommes (mais qu'est-ce que l'homme ?) et parmi les hommes les académiciens surtout, comme vous étiez fascinés par cette frontière toute fine, 1 % à peine de votre génome qui vous séparait du mien ; un chimpanzé comme moi, passe encore, mais vous avez aussi des fragments de gorille, une horreur, même si l'ancêtre est plus lointain, 6 à 8 millions d'années et non 4 ou 5, comme avec moi. Éminents Académiciens, ce n'est pas moi qui vous apprendrai, moi qui jusqu'à hier soir n'était encore qu'un membre correspondant de votre Académie, quelle chimère génétique vous êtes, quelle mosaïque, quel puzzle ! Mais si vous, Éminents *sapiens* parmi les *sapiens* (*sapientibus* ?), êtes nés il y a cent mille ans, si vous vous êtes mis à parler après votre séparation d'avec les néandertaliens, cela donne 50 000 ans à une petite colonie de 10 000 individus pour envahir le monde de ses 6 milliards de descendants. Et quand on sait le nombre des morts, les hauts et les bas de l'épopée, ça tient du miracle. La survie de l'humanité, là est le miracle, plus encore que dans sa naissance, laissez-moi vous le dire. La variation interindividuelle, chère à notre collègue Darwin (Tcharles pour les dames, ah ! ah !), peut-elle expliquer une telle rapidité d'évolution ? Un bond ? Une lente acclimatation ? L'élevage permet de sélectionner de drôles de bêtes. Qui dirait qu'un chien-loup peut s'accoupler avec un pékinois ? Et le néandertalien, la même espèce que vous ? Pour le savoir, faudrait qu'il soit encore ici, il faudrait, veuillez me pardonner, que vous couchiez avec. Mais comme ils ont disparu ! Génocide ? On ne saura jamais. Éminents *sapiens* (*sapientes* ?), vous êtes seuls. Plus quelques singes.

Mais je ne suis pas venu ici pour vous parler de vous, mais de moi. Et vous parler de moi, c'est vous parler du très beau programme d'évolution expérimentale mis en œuvre par votre regretté collègue (*il tousse pour ne pas prononcer le nom*) qui permit de transformer le chimpanzé que j'étais en l'homme que je suis, *Homo pan troglodytes* en *Homo sapiens*. Si ce ne sont pas des sciences humaines ! De la manipulation génétique comme il y en a peu : on a commencé par transformer mon gène *FOXP2* de chimpanzé en *FOXP2* humain, seulement 2 acides aminés dans l'exon 7 de différence. Il s'en faut de peu, n'est-ce pas ? Permettez-moi de vous le dire, il s'en est fallu d'un poil ! Hi ! Hi ! Encore heureux qu'il n'ait pas fait le contraire : balancer l'exon 7 de singe chez *sapiens*. Hi ! Hi ! Parodiant le Poète, je pourrais dire, Éminents Académiciens : voici pourquoi votre singe n'est pas muet. (Hi ! Hi !). C'était pourtant tentant (allitération) : deux mutations et hop ! langage, grammaire, cognition.

Pas si vite ; plutôt, de fil en aiguille, comme vous dites. Ce sont les formes humaines de 1 883 gènes qui ont remplacé les gènes simiesques homologues, ou plutôt orthologues, pas seulement des gènes de chimpanzé, de gorille aussi, de macaques (tiens les revoilà !). Une « sacrée manip », pourriez-vous vous exclamer. Oui, me voici devant vous, parmi vous. 4 millions d'années en une seule génération, quel bond !

IV – Dans la serre

LUCIE : Quel bond !

CLÉMENT : Le problème, c'est le cerveau humain. Il a évolué au-delà de tout avantage sélectif.

LUCIE : L'homme ne peut plus se penser à partir de l'animal.

JACQUES : L'animal que nous étions s'est détourné de lui-même

LUCIE : Il est passé dans le système de parenté des êtres de l'extase...

CLÉMENT : Le cortex : Tout le malheur de l'homme vient de là. Un cerveau de 500 cm^3, *habilis*, c'était bien assez.

JACQUES : Entrée dans la clairière.

LUCIE : Dans la serre.

CLÉMENT : L'évolution, c'est le développement progressif de la boîte crânienne, donc du cerveau. 1 500 cm^3, ce n'est pas rien.

JACQUES : Dans la serre, celui qui survit n'est pas le plus capable.

CLÉMENT : Et tout ça parce que l'évolution a inventé le cerveau feuille. La plaque neurale qui peut croître indéfiniment et que je peux toujours plier pour le caser dans ma boîte. Crânienne, la boîte, et inventée en même temps que la plaque.

CLÉMENT : L'évolution était bonne, elle aurait dû s'en tenir à un petit cerveau. Croissance de l'intelligence. Augmentation remarquable du volume cérébral.

JACQUES : Prendre une pierre dans la main. Jeter la pierre ou cogner quelque chose.

LUCIE : La sélection naturelle c'est bon pour tout le monde, sauf pour l'homme.

JACQUES : Succès ou échec du lancer : premier palier d'une fonction de vérité post-animale.

LUCIE : Et le mammouth ?

CLÉMENT : Hypertélisme. C'est le cerveau humain qui commence à s'épanouir d'une manière énigmatique. Il dépasse de loin ce que l'on exige actuellement de lui. Crête neurale. Plaque plus crête, 300 millions d'années et au bout *sapiens*.

LUCIE : Le cerveau humain, c'est comme les défenses du mammouth, qui croissent, croissent pour plaire aux dames, sélection sexuelle.

JACQUES : Et le mammouth se prend les pieds dedans, ne peut plus courir et se fait bouffer.

CLÉMENT : Un trait hypertélique qui conduit l'espèce à sa perte.

JACQUES : Circonvolutions cérébrales enroulées comme défenses de mammouth.

LUCIE : Mon cerveau trop gros.

CLÉMENT : Ton cerveau, un incident de l'évolution.

JACQUES : Viscère indescriptible.

LUCIE : En fait, la théorie darwinienne, c'est l'évolution comme construction automatique de machines animales.

CLÉMENT : On avait dit qu'on ne parlait plus de Darwin.

LUCIE : La vraie vexation, c'est la machine.

CLÉMENT : C'est une fin de partition.

LUCIE : En fait, la théorie darwinienne, c'est l'évolution comme construction automatique de machines animales.

CLÉMENT : Qu'est-ce qu'on avait dit ?

JACQUES : L'expulsion hors des habitudes de l'apparence humaniste est le principal événement logique de notre époque, et l'on n'y échappe pas en se réfugiant dans la bonne volonté.

LUCIE : Il n'y a pas de refuge. Le théâtre n'est pas le dernier refuge de l'humain.

JACQUES : Pas non plus de refuge dans la poésie de l'Être.

LUCIE : La science n'est pas le dernier refuge de la vérité.

JACQUES : Avoir un singe pour ancêtre passe encore, mais des machines pour descendance...

LUCIE : Machines sans ingénieur, artefacts sans artiste.

LUCIE : Une aventure sans but, erratique et folle.

JACQUES : Les machines pensent-elles ?

CLÉMENT : Turing.

LUCIE : Quelles dates ?

CLÉMENT : 1912-1954.

JACQUES : Nous sommes déjà pré-posthumains.

LUCIE : L'homme descend de sa main.

— Mais par les pieds d'abord.

— Ma mère me disait toujours : tiens-toi droit !

JACQUES : Le problème, c'est le cerveau humain. Il a évolué au-delà de tout avantage sélectif.

LUCIE : Ma mère me disait toujours : tiens-toi droit !

CLÉMENT : C'est un impromptu post-beckettien.

LUCIE : Cortex, silex, sexe, voilà ma sainte trinité à moi.

JACQUES : Ce qui compte, c'est la distanciation par rapport à la nature.

LUCIE : La voici, la vexation darwinienne, l'homme : un singe plus une machine.

JACQUES : La sélection naturelle, c'est bon pour tout le monde sauf pour l'homme.

— Je mets fin à l'exception culturelle humaine.

— La technique comme destin.

— La vraie vexation, c'est la machine

— L'homme ne descend pas du singe mais de la pierre ?

— Dans la serre celui qui survit n'est pas le plus capable, mais c'est celui qui est le plus heureux.

— L'homme est en route vers la beauté. Au-delà c'est surtout le cerveau humain qui commence à s'épanouir d'une manière énigmatique en bâtissant, on pourrait dire par avance, un potentiel de prestations qui dépasse de loin ce que l'on exige de lui.

Évo... Évo... Évolution.

CHŒUR : Mais qu'est-ce qu'il veut le metteur en scène ?

METTEUR EN SCÈNE : Darwin, ni Faust, ni Galilée, qu'est-ce que je vais faire ? J'sais pas quoi faire.

CHŒUR : On a dit qu'on ne parlait plus de Darwin.

METTEUR EN SCÈNE : Mais le directeur ? Mais le spectacle sur Darwin ? La grande vexation, la Bible qui saute au nez et à la barbe de la reine Victoria ?

CHŒUR : On a dit qu'on ne parlait plus de Darwin.

METTEUR EN SCÈNE : Portrait du génie en hypocondriaque, ce n'est pas vendeur.

CHŒUR : On a dit...

METTEUR EN SCÈNE : Sur le théâtre, il n'y a que les malades imaginaires qui payent. Mais les vrais... Non, non, Darwin n'est pas un héros dramatique, encore moins tragique. Le héros tragique doit être détruit. Le héros doit être une denrée périssable. Darwin, on ne le brûle pas vif pour ses idées ; on ne le force pas à la rétractation : il est enterré à Westminster. Mais le malade qui se ronge de l'intérieur, ce n'est pas pour le théâtre.

CHŒUR : On avait pourtant dit...

DRAMATURGE-QUI-A-LU-FREUD : « Lorsque le spectateur se met à la place de celui qui est malade dans son corps, il ne trouve en lui-même rien en fait de jouissance et de capacité de réalisation psychique, et c'est pourquoi ce qui est malade dans son corps n'est possible sur la scène que comme accessoire, non comme héros, ce qui n'exclut pas que des aspects psychiques non spécifiques de la maladie rendent malgré tout possible le travail psychique, par exemple, la déréliction du malade dans le *Philoctète* ou le désespoir du malade dans les pièces sur la phtisie. »

CHŒUR : Le spectateur ne peut jouir que s'il est aussi un névrosé. Freud.

METTEUR EN SCÈNE : Bon, d'accord. Mais j'avais promis au directeur un grand spectacle qui mette fin, et une fin définitive, à l'exception culturelle humaine. Après Galilée, avant Freud, Darwin le Grand Vexateur de l'arrogance de l'homme.

CHŒUR : Qu'est-ce qu'on a dit ?

DRAMATURGE-QUI-A-LU-FREUD : « Dans le cours des siècles, la science a infligé à l'égoïsme naïf de l'humanité deux graves démentis. La première fois, ce fut lorsqu'elle a montré que la Terre, loin d'être le centre de l'univers, ne forme qu'une parcelle insignifiante du système cosmique dont nous pouvons à peine nous représenter la grandeur. Cette première démonstration a un nom : Copernic. Le second démenti fut infligé à l'humanité par la biologie, lorsqu'elle a réduit à rien les prétentions de l'homme à une place privilégiée dans l'ordre de la création, en établissant sa descendance du règne animal et en montrant l'indestructibilité de sa nature animale. Cette dernière révolution s'est accomplie de nos jours à la suite des travaux de Darwin, de Wallace et de leurs prédécesseurs, travaux qui ont provoqué la résistance la plus acharnée des contemporains. Un troisième démenti sera infligé à la mégalomanie humaine par la recherche psychologique actuelle qui démontre au *moi* qu'il n'est pas maître dans sa propre maison, qu'il en est réduit à se contenter des renseignements rares et fragmentaires sur ce qui se passe, en dehors de sa conscience, dans sa vie psychique. »

II

LES VARIATIONS DARWIN

I – Voir/ne pas voir

Off Irène et Maud

IRÈNE : Une scène ?
MAUD : Oui.
IRÈNE : Une scène : la mort de Saunderson ?
MAUD : Oui.
IRÈNE : Lorsque notre aveugle fut sur le point de mourir, on appela auprès de lui un ministre fort habile, M. Gervaise Holmes : ils eurent ensemble un entretien sur l'existence de Dieu. L'ecclésiastique commença par lui objecter les merveilles de la nature :
MAUD : Hé, monsieur, lui disait le philosophe aveugle, laissez là tout ce beau spectacle qui n'a jamais été fait pour moi ! J'ai été condamné à passer ma vie dans les ténèbres (IRÈNE : Il est aveugle. MAUD : Il est aveugle) et vous me citez des prodiges que je n'entends point, et qui ne prouvent que pour vous et que pour ceux qui voient comme vous. Si vous voulez que je croie en Dieu, il faut que vous me le fassiez toucher.
IRÈNE : Monsieur, reprit habilement le ministre, portez les mains sur vous-même, et vous rencontrerez la divinité dans le mécanisme admirable de vos organes.

MAUD : *Monsieur Holmes, reprit Saunderson, je vous le répète, tout cela n'est pas aussi beau pour moi que pour vous. Mais le mécanisme animal fût-il aussi parfait que vous le prétendez, et que je veux bien le croire, car vous êtes un honnête homme, très incapable de m'en imposer, qu'a-t-il de commun avec un être souverainement intelligent ?* ***S'il vous étonne, c'est peut-être parce que vous êtes dans l'habitude de traiter de prodige tout ce qui vous paraît au-dessus de vos forces. [...]***

IRÈNE : *Un phénomène est-il, à notre avis, au-dessus de l'homme ? Nous disons aussitôt :*

MAUD : *C'est l'ouvrage d'un Dieu, et notre vanité ne se contente pas à moins.*

IRÈNE : *Saunderson s'arrêta un moment : il attendait apparemment que le ministre lui répondît.*

MAUD : *Mais par où attaquer un aveugle ? M. Holmes se prévalut de Newton et Leibniz et de quelques-uns de ses compatriotes, les premiers génies du monde, qui tous avaient été frappés des merveilles de la nature, et reconnaissaient un être intelligent pour son auteur.*

IRÈNE : *Le bon aveugle convint qu'il y aurait de la témérité à nier ce qu'un homme tel que Newton n'avait pas dédaigné d'admettre : il représenta toutefois au ministre que le témoignage de Newton n'était pas aussi fort pour lui, que celui de la nature entière pour Newton ; et que Newton croyait sur la parole de Dieu, au lieu que lui, il en était réduit à croire sur la parole de Newton.*

MAUD : *Considérez, monsieur Holmes, ajouta-t-il, combien il faut que j'aie de confiance en votre parole et dans celle de Newton.*

IRÈNE : *Je ne vois rien ; cependant j'admets en tout un ordre admirable ; mais je compte que vous n'en exigerez pas davantage.*

MAUD : *Je vous le cède sur l'état actuel de l'univers, pour obtenir en revanche la liberté de penser ce qu'il me plaira, de son ancien et premier état sur lequel vous n'êtes pas moins aveugle que moi. Vous n'avez point ici de témoins à m'opposer, et vos yeux ne sont d'aucune ressource. Imaginez donc, si vous voulez, que l'ordre qui vous frappe a toujours subsisté ; mais laissez-moi croire qu'il n'en est rien ; et que, si nous remontions à la naissance des choses et des temps, et que nous sentissions la matière se mouvoir et le chaos se débrouiller, nous rencontrerions une multitude d'êtres informes pour quelques êtres bien organisés. Je puis vous demander, par exemple, qui vous a dit à vous, à Leibniz et à Newton, que dans les premiers instants de la formation des animaux, les uns n'étaient pas sans tête et les autres sans pieds ?*

IRÈNE : *Voyez-moi bien, monsieur Holmes, je n'ai point d'yeux. Qu'avions-nous fait à Dieu, vous et moi, l'un pour avoir cet organe, l'autre pour en être privé ? Saunderson et le reste de l'assemblée ne purent s'empêcher de partager sa douleur, et se mirent à pleurer amèrement sur lui.*

MAUD : *Qu'est-ce que ce monde, monsieur Holmes ? Un composé sujet à des révolutions qui toutes indiquent une tendance continuelle à la destruction ; une succession rapide d'êtres qui s'entre-suivent, se poussent et disparaissent ; une symétrie passagère ; un ordre momentané. Je vous reprochais tout à l'heure d'estimer la perfection des choses par votre capacité, et je pourrais vous accuser ici d'en mesurer la durée sur celle de vos jours. Vous jugez de l'existence successive du monde, comme la mouche éphémère de la vôtre.*

IRÈNE : *Le monde est éternel pour vous, comme vous êtes éternel pour l'être qui ne vit qu'un instant. Encore l'insecte est-il plus raisonnable que vous.*

MAUD : *Quelle suite prodigieuse de générations d'éphémères atteste votre éternité ! Quelle tradition immense ! Cependant nous passerons tous, sans qu'on puisse assigner ni l'étendue réelle que nous occupions, ni le temps précis que nous aurons duré. Le temps, la matière et l'espace ne sont peut-être qu'un point.*

IRÈNE : *Saunderson s'agita dans cet entretien un peu plus que son état ne le permettait ; il lui survint un accès de délire qui dura quelques heures, et dont il ne sortit que pour s'écrier :*

MAUD (IRÈNE *reprend)* : *Ô Dieu de Leibniz et de Newton, prends pitié de moi !*

— et mourir.

MAUD : *Je demande à voir.*

IRÈNE : *La connaissance ne peut venir que des sens ?*

MAUD : *Pardon ?*

IRÈNE : *C'est une bonne idée, ça, de demander à un aveugle de naissance, ce que c'est qu'un miroir.*

MAUD : *Un œil. Visualisation, imagerie ?*

IRÈNE : *C'est, répondit l'aveugle, un organe sur lequel l'air fait l'effet de mon bâton sur ma main...*

MAUD : *L'œil a été inventé en une seule fois par la nature.*

IRÈNE : Pax6.

MAUD : *Oui, le gène* Pax6 *est responsable de la formation initiale d'un œil prototypique.*

IRÈNE : *Comment voir sans une petite idée ?*

MAUD : *Darwin observateur, mais aussi Darwin spéculateur*

IRÈNE : *Une BMI est une Brain Machine Interface*

MAUD : *Placée entre le cerveau qui décide et la machine, qui exécute. Par exemple, le bras qui tape sur un ordinateur est une BMI.*

MAUD : *Voir au-delà du visible*

MAUD : *Si je perds l'usage de mes membres, amputation, paralysie, ou de mes yeux, ou de l'ouïe, je perds, partiellement, la possibilité de communiquer avec le monde.*

IRÈNE : *Je peux aussi perdre une partie de mon cerveau, aphasie ou Alzheimer. Alors je perds aussi cette possibilité, même s'il me reste la vue et l'ouïe, et la motricité.*

MAUD : *Prenons un aveugle, on lui donne une canne, il avance en suivant le bord du trottoir.*

IRÈNE : *Exact et c'est même la base des BMI.*

MAUD : *La canne est une BMI, elle stimule la peau, l'information monte aux aires du cortex et l'aveugle marche droit, suit le trottoir comme s'il le voyait.*

MAUD : *Mais il ne le voit pas,*

IRÈNE : *C'est sa main qui le voit, enfin qui le voit !*

MAUD : *Qui le sent !*

IRÈNE : *Non qui le voit*

MAUD : *Ça ne me rend pas les yeux.*

IRÈNE : *C'est quoi un œil ? Une caméra connectée au cerveau. Donc si je pouvais mettre une caméra sur le front d'un aveugle, et transformer les informations recueillies par la caméra en langage du toucher et faire remonter en continu cette information vers les aires corticales visuelles, ne pourrait-on dire que l'aveugle a retrouvé des yeux ?*

MAUD : *C'est du rêve.*

IRÈNE : *L'expérience a été faite, pourtant. Une caméra filme, l'information est décodée par un ordinateur qui extrait le signal et le transforme en un pattern de stimulations sensorielles tactiles qu'il transmet au système somato-sensoriel grâce à un petit réseau d'électrodes placé sous la langue.*

MAUD : *Pourquoi la langue ?*

IRÈNE : *On peut stimuler partout, la peau du dos, celle du ventre, mais la langue est propice car elle est humide, le courant passe mieux, une intensité faible suffit. Bref avec un peu d'entraînement, l'aveugle peut taper dans une balle qui roule sur un plan incliné. Il la voit.*

MAUD : *Mais il est lourd, cet appareillage.*

IRÈNE : *Ce n'est pas demain la veille.*

MAUD : *Non pas demain la veille, mais s'il n'y a pas de veille, il n'y a pas de lendemain.*

IRÈNE : *Imagine maintenant que la caméra soit munie d'un système de traitement du signal qui transforme les éléments du champ visuel, bords, inclinaisons, courbures, profondeur, couleurs, en sons. Imagine que ces sons soient audibles aux seuls porteurs de lunettes spéciales – la caméra serait dans les lunettes. Imagine enfin que la plasticité observée entre système tactile et système visuel existe aussi entre système auditif et système visuel.*

MAUD : *N'est-il pas alors raisonnable de penser que l'aveugle pourra voir avec les oreilles ? Le paysage, comme symphonie.*

IRÈNE : *Même si on peut imaginer des progrès en miniaturisation de la caméra, jusqu'à la loger dans l'œil, il reste l'ordinateur, les électrodes, l'adaptation de la taille des puces et de la densité des électrodes à la taille et la forme des objets du champ visuel. Ce n'est pas demain la veille*

MAUD : *Possible que oui, possible que non. Pour en revenir aux systèmes tactiles de stimulation de la peau, il semble que les sujets distinguent les stimuli visuels des stimuli tactiles même s'ils passent par les mêmes récepteurs, tactiles bien sûr. Tu te grattes et tu n'y vois rien, mais la caméra te gratte, par puce interposée, et tu vois.*

— Étrange.

— Oui, étrange, étrange comme la plasticité cérébrale. Ce n'est pas pour demain. Mais si on ne pense que pour demain, on n'invente rien. En science, il ne faut jamais négliger la part du rêve.

— Les aveugles voient des mains.

— On peut aussi voir avec la langue.

— Se regarder les yeux dans les yeux, c'est embrasser avec la langue. Embrasser avec la langue, c'est se regarder dans les yeux.

— Voir, c'est quoi ?

— Voir, c'est savoir. Pourquoi pas ?

IRÈNE : *« Le cerveau humain a une exigence fondamentale : celle d'avoir une représentation unifiée et cohérente du monde qui l'entoure, ainsi que des forces qui animent le monde. Les mythes comme les théories scientifiques répondent à cette exigence humaine. Dans tous les cas, et contrairement à ce qu'on pense souvent, il s'agit d'expliquer ce qu'on voit par ce qu'on ne voit pas, le monde visible par un monde invisible qui est toujours le produit de l'imagination. »*

— Voir plus loin.

IRÈNE : Une autre scène ?

MAUD : Oui. Le bureau de Darwin dans son manoir de Down. À ses pieds sa vieille chienne terrier ; le feu dans la cheminée ; nous sommes en février 1870, un hiver très victorien. Charles rédige des notes pour son grand ouvrage sur l'homme, tu sais.

IRÈNE : J'ai frôlé le pire : je me suis penché sur l'homme, comme un naturaliste le ferait sur tout autre mammifère... Il ne fait aucun doute que l'on puisse classer l'homme au nombre des primates, si ce n'est qu'il a des pouvoirs mentaux peu communs. Seul notre préjugé naturel et cette arrogance qui a conduit nos aïeux à déclarer qu'ils descendaient de demi-dieux nous fait reculer devant cette conclusion.

MAUD et IRÈNE : Vexation, vexation, vexation,

MAUD : Oui, oui ; jusqu'à L'Origine des espèces, *il s'était bien gardé de parler de l'homme*

IRÈNE : Vous demandez si je vais parler de l'homme...

MAUD : Je crois que je vais éviter la question, tant elle est entourée de préjugés, même si je reconnais qu'il n'est pour le naturaliste de problème plus important ni plus intéressant.

IRÈNE : Effroi.

MAUD : Je reprends mon travail sur l'homme.

IRÈNE : Un très mince volume : je publierai cet automne un nouveau livre partiellement consacré à l'homme, et dont j'ose dire qu'il sera décrié par beaucoup comme très mauvais.

MAUD : Emma : Je crois que ce sera très intéressant mais que ça me déplaira fort parce qu'il va laisser une fois de plus Dieu sur la touche. Résultat : deux gros volumes publiés en février 1871, sous un double titre : La Descendance de l'homme,

IRÈNE : And Selection in Relation to Sex.

MAUD : Darwin a mal à l'estomac ; il repense au roman à l'eau de rose qu'Emma lui a lu hier soir (l'histoire d'une jeune et jolie femme et qui finissait bien) puis se met à écrire.

(Mathieu off)

MATHIEU : *DARWIN (écrivant) : Pour la classification, nous ne devons pas oublier l'insignifiance relative du grand développement du cerveau chez l'homme. Si l'homme n'avait pas été son propre classificateur, il n'aurait jamais songé à fonder un ordre séparé pour s'y recevoir. Nous devons garder à l'esprit que l'homme n'est qu'une des diverses formes exceptionnelles de primates.*

JB : *On a dit souvent qu'aucun animal n'utilise d'outil, mais le chimpanzé à l'état de nature brise un fruit indigène, un genre de noix, avec une pierre. Les éléphants apprivoisés en Inde sont bien connus pour arracher les branches des arbres et les utiliser pour chasser les mouches. Lorsque des babouins Geladas descendent de la montagne pour piller les champs et qu'ils rencontrent des babouins Hamadryas, une bataille s'ensuit. Les Geladas font rouler de la montagne de grosses pierres que les Hamadryas tentent d'éviter, puis, dans un grand vacarme, les deux troupes se précipitent furieusement l'une contre l'autre.*

MATHIEU : *Au zoo, un singe qui avait les dents fragiles avait l'habitude d'ouvrir ses noix avec une pierre qu'il cachait ensuite soigneusement sous la paille de peur qu'on la lui dérobe.*

JB : *Ici nous avons donc bien l'idée de propriété. Et quand mon chien enterre son os...*

MATHIEU : Nos savants font remarquer que le fait de façonner un instrument à des fins spéciales est le propre de l'homme et considèrent que cela forme un gouffre entre l'homme et les bêtes. Mais lorsque l'homme primitif a utilisé des silex pour la première fois, il les aura brisés en éclats accidentellement et aura ensuite utilisé les fragments tranchants. Après, les briser intentionnellement n'est qu'un petit pas de plus et de là à les façonner grossièrement, il n'y a qu'un pas raisonnable. En cassant les silex, des étincelles ont dû se produire, en les aiguisant de la chaleur a dû se dégager : ainsi sont nées deux méthodes pour inventer le feu.

JB : Tant pis pour toi, Prométhée !

MATHIEU : Ben oui, tant pis pour toi, Prométhée ! Le feu devait être connu dans de nombreuses régions volcaniques où la lave coule occasionnellement dans les forêts.

JB : À propos de chaleur, il y a les babouins qui se mettent de la paille sur la tête pour se protéger d'elle. Et les singes anthropomorphes qui se construisent des plates-formes. Ces diverses habitudes montrent les premières étapes vers les arts les plus simples, comme l'architecture ou l'habillement, tels qu'ils apparurent chez les premiers hommes.

MATHIEU : Mais l'abstraction, la conscience de soi, l'individualité mentale, les conceptions générales ?

JB : Il est impossible de juger ce qui traverse l'esprit d'un animal. Quand un chien aperçoit un autre chien à une certaine distance, il est clair qu'il perçoit que c'est un chien dans l'abstrait, car lorsqu'il approche son comportement entier change si c'est un ami. Il avait donc formé le concept de chien.

MATHIEU : Un auteur récent fait remarquer que dans tous les cas de ce genre, ce n'est que pure supposition que d'affirmer que l'acte mental n'est pas essentiellement de même nature chez l'animal que chez l'homme.

JB : Lorsque je dis à ma chienne terrier, d'une voix impatiente (j'ai encore fait l'expérience récemment) : « Cherche, cherche, où il est, où il est ? », elle comprend immédiatement le signe : il y a quelque chose à chasser ; regarde immédiatement autour d'elle, se précipite aussitôt dans le bosquet le plus proche, pour flairer une bête, mais ne trouvant rien, elle regarde en l'air, dans chaque arbre, pour trouver… un écureuil. Cela montre clairement qu'elle avait à l'esprit l'idée générale ou le concept : un-animal-doit-être-chassé.

MATHIEU : On dit qu'aucun animal n'est conscient de soi, qu'il ne réfléchit pas sur la question de savoir d'où il vient, où il va, sur la vie, la mort, l'amour, ainsi de suite.

JB : Mais comment est-on sûr qu'un vieux chien doué d'une excellente mémoire et de quelque imagination, comme le montrent ses rêves, ne réfléchisse jamais à ses plaisirs et à ses peines de chasse passées ? N'est-ce pas là une forme de conscience de soi ?

MATHIEU : Un chien se forge un concept général du chat et du mouton, et connaît les mots qui correspondent aussi bien qu'un philosophe. La capacité de comprendre est une aussi bonne preuve d'intelligence vocale, à un degré inférieur, certes, que la capacité de parler.

JB : Et le sens de la beauté ?

MATHIEU : Il est évident qu'aucun animal n'admire un ciel étoilé, un beau paysage ou une musique raffinée. – Et Dieu ? les animaux n'ont pas de Dieu, pas de religion.

JB (off) : Rien ne prouve que l'homme ait été doté au commencement de la croyance qui l'ennoblit en l'existence d'un Dieu Tout-Puissant. Mais si nous entendons par religion la croyance à des agents INVISIBLES ou spirituels, c'est très différent. Cette croyance semble universelle. On peut comprendre pourquoi : dès que se sont développées les facultés de l'imagination, de l'étonnement et de la curiosité, jointes à la capacité du raisonnement, naturellement l'homme a éprouvé le désir de comprendre ce qui se passait autour de lui et s'est mis à spéculer vaguement sur sa propre existence.

MATHIEU : Les phénomènes naturels seraient imputables à la présence chez les animaux, les plantes, les choses, dans les forces de la nature, d'esprits incitant à l'action comme les hommes savent qu'ils en possèdent eux-mêmes. Il est possible aussi que les rêves aient donné naissance à la notion d'esprit.

JB : Dieu...

MARC : Dieu... Mon vieux chien, un animal très sensé, était couché sur la pelouse par une belle journée très chaude. Non loin de lui, une brise soulevait de temps en temps le parasol, ce qui n'aurait pas dérangé le chien, s'il y avait eu quelqu'un près du parasol. Mais à chaque fois que le parasol bougeait, le chien grognait farouchement, et se mettait à aboyer. Je pense qu'il avait raisonné en lui-même de façon rapide et inconsciente, et s'était dit qu'un mouvement sans cause apparente, VISIBLE indiquait la présence de quelque agent étranger et vivant, et comme aucun étranger n'a le droit de se trouver sur son territoire...

MAUD : Il aboie.

MARC : Oui, il aboie.

IRÈNE (off) : Maud est entrée faire une scène.

II – Émouvoir/ne pas émouvoir

Marie et Clément (off)

CLÉMENT : Émouvoir.

MARIE : Ne pas émouvoir.

MARIE : Nous sommes émus comme les bêtes.

CLÉMENT : Les bêtes ne pleurent pas.

MAUD : Les éléphants, si.

CLÉMENT : *On dit que les hommes sont des créatures de raison. Il est plus juste de les appeler êtres d'habitude.*

MARIE : *Effacement de la frontière entre l'homme et les bêtes, du point des émotions aussi bien. C'est ce que montre* L'Expression des émotions chez l'homme et les animaux, *ouvrage que Darwin considère comme allant avec* La Descendance de l'homme.

CLÉMENT : *Ah ! mon chien. L'homme lui-même ne peut exprimer la tendresse et l'humilité par des signes extérieurs aussi parfaitement que le fait le chien.*

MARIE : *Lorsqu'il vient au-devant de son maître.*

CLÉMENT : *Les oreilles tombantes, le corps ondulant et en remuant la queue.*

MARIE : *Il est aussi difficile d'expliquer ces mouvements chez le chien par les actes de volition ou la fatalité des instincts.*

CLÉMENT : *Qu'il le serait d'expliquer de la même manière le rayonnement du regard et le sourire aux lèvres de l'homme qui rencontre un vieil ami.*

MARIE : *Questionnaire de Darwin*

MAUD : Questionnaire de Darwin

1. L'étonnement s'exprime-t-il en ouvrant largement les yeux et la bouche et en élevant les sourcils ?

2. La honte fait-elle rougir, quand la couleur de la peau permet de reconnaître ce changement de sa coloration ? En particulier, quelle est la limite inférieure de la rougeur ?

9. Le mépris s'exprime-t-il en avançant légèrement les lèvres et levant le nez avec un petite expiration ?

10. Le dégoût fait-il renverser la lèvre inférieure et soulever légèrement la lèvre supérieure avec une expiration brusque, à peu près comme dans la nausée ou dans l'acte de cracher ?

12. Le rire est-il jamais poussé au point d'amener des larmes dans les yeux ?

15. Peut-on reconnaître une expression criminelle, ou rusée, ou jalouse ?

MARIE/CLÉMENT :

1. L'étonnement s'exprime-t-il en ouvrant largement les yeux et la bouche et en élevant les sourcils ?

2. La honte fait-elle rougir, quand la couleur de la peau permet de reconnaître ce changement de sa coloration ? En particulier, quelle est la limite inférieure de la rougeur ?

3. Un homme indigné ou défiant fronce-t-il les sourcils, redresse-t-il le corps et la tête, efface-t-il les épaules et serre-t-il les poings ?

6. Dans la bonne humeur, les yeux brillent-ils, la peau se plisse-t-elle légèrement autour et au-dessous d'eux, la bouche est-elle un peu tirée en arrière aux commissures ?

7. Quand un homme se moque d'un autre ou le gourmande, soulève-t-il le coin de la lèvre supérieure au-dessus de la canine, ou dent de l'œil, du côté qui fait face à l'individu auquel il s'adresse ?

8. Reconnaît-on un air hargneux ou obstiné à ces signes principaux : les lèvres serrées, un regard menaçant et un léger froncement de sourcils ?

9. Le mépris s'exprime-t-il en avançant légèrement les lèvres et levant le nez avec une petite expiration ?

10. Le dégoût fait-il renverser la lèvre inférieure et soulever légèrement la lèvre supérieure avec une expiration brusque, à peu près comme dans la nausée ou dans l'acte de cracher ?

11. La frayeur extrême est-elle exprimée de la manière habituelle aux Européens ?

12. Le rire est-il jamais poussé au point d'amener des larmes dans les yeux ?

15. Peut-on reconnaître une expression criminelle, ou rusée, ou jalouse ?

MARIE : On peut voir certains individus remuer leur mâchoire en même temps que les branches d'une paire de ciseaux, lorsqu'ils s'en servent pour couper quelque chose. Ainsi que me l'a assuré une personne digne de foi.

MARIE : Il y a deux catégories

CLÉMENT : Les émotions qui excitent, celles qui dépriment.

— Quel est le rapport entre l'émotion produite par la musique et celle produite par une émotion réelle et violente ?

— Je fais l'air de défi : je découvre la dent canine d'un côté.

— Ça a une origine animale, à tous les coups.

— Le froncement est un bon matériau pour nous.

— Donc : le froncement des sourcils n'exprime pas la simple réflexion ni l'attention, quelque profondes ou soutenues qu'elles soient mais une difficulté ou un obstacle rencontré dans la suite des pensées.

— Je mets mon index sur la lèvre supérieure...

CLÉMENT : Le rajah Brooke...

MARIE : De grâce, non.

MARIE : Le hérissement des cheveux : comment faire ça au théâtre ?

CLÉMENT : « Tu glaces mon sang et fais hérisser mes cheveux. »

— On rapporte que le grand acteur Cooke savait exprimer la haine la plus violente, en regardant obliquement, et en soulevant la partie externe de la lèvre supérieure, de manière à découvrir une dent tranchante et pointue.

MARIE : Certains états d'esprit ne se révèlent par aucune expression déterminée : la jalousie.

CLÉMENT : La jalousie, monstre aux yeux verts.

MARIE : Rougissons.

— Comment se fier à ceux qui ne savent pas rougir ?

— Sénèque fait remarquer que les acteurs à Rome, lorsqu'ils veulent exprimer la honte, baissent la tête, et tiennent leurs regards fixés sur la terre, mais sont incapables de rougir.

— Le simple acte de simuler une émotion tend à la faire naître dans notre esprit. Hamlet (II, 2)

— Un jeune homme, même peu sujet à rougir, rougit jusqu'au blanc des yeux s'il croit que sa tenue peut paraître ridicule à une jeune fille dont le jugement, sur un point de quelque importance, lui serait absolument indifférent.

— Plusieurs femmes qui rougissent facilement sont cependant unanimes sur ce point ; quelques-unes pensent même avoir rougi dans l'obscurité.

MARIE (dans la galerie) : Shakespeare s'est donc trompé quand il fait dire à Roméo par Juliette

CLÉMENT et *MAUD* : Acte II, scène 2

MARIE :

> *Si le masque de la nuit ne couvrait mon visage,*
> *Après ce que ce soir tu as entendu de ma bouche*
> *Tu verrais sur ma joue une rougeur virginale.*

IRÈNE :

> Si le masque de la nuit ne couvrait mon visage ;
> Tu verrais une rougeur virginale colorer ma joue
> Après ce que tu as entendu ce soir de ma bouche.

MARIE : Et *La fécondation croisée des Orchidées par les insectes et des bons résultats du croisement* ?

CLÉMENT : Érotisme.

MARIE : Comment ça se passe ?

CLÉMENT : Quand la fleur s'ouvre... et que le rostellum, soit spontanément, soit à la suite d'un contact (j'ignore lequel des deux est vrai), s'est rompu suivant des lignes symétriques, il suffit de le toucher aussi légèrement que possible, pour abaisser la lèvre, portion inférieure et bilobée de sa membrane extérieure qui s'avance dans l'orifice du nectaire. Lorsque la lèvre s'est abaissée, la surface inférieure et visqueuse du disque, bien que restant dans sa position première, est à découvert, et il est presque sûr qu'elle s'attachera à l'objet qu'elle touche. Un cheveu d'homme introduit dans le nectaire est assez raide pour abaisser la lèvre

MARIE : Ça va

CLÉMENT : Et la surface visqueuse de la selle s'attache à lui.

MARIE : Qu'un papillon engage sa trompe...

CLÉMENT : Un poète pourrait imaginer que les pollinies, tandis que portées sur le corps d'un papillon elles vont d'une fleur à l'autre, prennent volontairement et avec empressement, dans chaque espèce, l'attitude précise qui seule leur permettra de réaliser leur désir et de perpétuer leur race.

Dans le Devonshire, j'ai trouvé un épi de neuf fleurs épanouies, et toutes les pollinies étaient enlevées à l'exception d'une seule : une mouche, trop faible pour enlever ces petits corps, était demeurée engluée à eux et au stigmate, victime d'une mort misérable.

IRÈNE : Chez les araignées, les mâles témoignent d'une grande ardeur pour chercher les femelles, et certains auteurs rapportent en avoir vu se battre pour leur possession. On a pu observer les accouplements d'une vingtaine d'espèces et l'on voit que la femelle repousse certains mâles qui la courtisent, les menace de ses mandibules ouvertes et, après une longue hésitation, finit par accepter celui de son choix.

(Il faut dire que) chez les araignées, le mâle est généralement beaucoup plus petit que la femelle, quelquefois à un point extraordinaire, ce qui l'oblige à se rendre très prudent dans ses avances, la femelle poussant parfois la pudibonderie jusqu'à des extrémités dangereuses pour lui. De Geer a vu un mâle saisi au milieu de ses caresses préliminaires, par l'objet de ses attentions, enveloppé dans une toile et dévoré par elle, un spectacle qui, ajoute-t-il, l'a rempli d'horreur et d'indignation.

M. Vinson décrit de manière pittoresque l'agilité avec laquelle le mâle minuscule échappe à la férocité de la femelle en jouant à cache-cache avec elle sur tout son corps, et en se laissant glisser le long de ses membres gigantesques.

Il va de soi qu'à ce jeu, ce sont les mâles les plus petits qui ont les plus grandes chances de survie. Ainsi, peu à peu, une race de mâles minuscules aurait été sélectionnée, jusqu'à ce qu'ils se trouvent finalement réduits à la taille minimale compatible avec l'exercice de la reproduction, en fait jusqu'à une taille qui leur permet de vivre sur la femelle comme des parasites, indignes de leur attention ou trop agiles et trop petits pour qu'elles puissent les attraper sans grande difficulté.

À suivre.

MARIE : Mais d'ailleurs je ne crois comprendre complètement le mécanisme de la fécondation chez aucune orchidée ; car plus j'étudie nos espèces les plus communes, plus je découvre de combinaisons nouvelles et admirables.

CLÉMENT : Nous voyons une fleur attendre patiemment, ses antennes tendues en avant, prêtes à donner le signal dès qu'un insecte introduira sa tête dans la cavité du labellum. Le Monachantus, forme femelle, n'ayant point de pollinies à lancer, est dépourvu d'antennes. Dans les formes mâle et hermaphrodite, les pollinies sont repliées sur elles-mêmes comme des ressorts, prêtes à être lancées instantanément, dès que les antennes auront été touchées ; elles sont toujours lancées le disque en avant, et ce disque est enduit d'une matière visqueuse qui, durcissant vite, fixe fortement le pédicelle qui lui est lié, au corps de l'insecte. L'insecte vole d'une fleur à l'autre, et finit par visiter une plante femelle ou hermaphrodite : il introduit alors une des masses de pollen dans la cavité du stigmate. Quand il s'envole, le caudicule élastique, qui est assez faible pour céder à la viscosité de la surface du stigmate, se rompt et abandonne la masse pollinique ; alors les tubes polliniques se forment lentement et s'engagent dans le canal du stigmate ; l'acte de la fécondation s'accomplit. Qui aurait été assez hardi pour soupçonner que la propagation d'une espèce pouvait dépendre d'un mécanisme si complexe, si artificiel en apparence, et pourtant si admirable ?

MAUD (*questionnaire en boucle, violent*) :

— Le mépris s'exprime-t-il en avançant légèrement les lèvres et levant le nez avec une petite expiration ?

— Le dégoût fait-il renverser la lèvre inférieure et soulever légèrement la lèvre supérieure avec une expiration brusque, à peu près comme dans la nausée ou dans l'acte de cracher ?

— Le rire est-il jamais poussé au point d'amener des larmes dans les yeux ?

— Des larmes ! Des larmes !

— Peut-on reconnaître une expression criminelle, ou rusée, ou jalouse ?

MATHIEU : Dès cette époque Simone contracta la manie de casser des œufs avec son cul. Elle se plaçait pour cela la tête sur le siège d'un fauteuil, le dos collé au dossier, les jambes repliées vers moi qui me branlait pour la foutre dans la figure. Je plaçais alors l'œuf au-dessus du trou : elle prenait plaisir à l'agiter dans la fente profonde. Au moment où le foutre jaillissait, les fesses cassaient l'œuf, elle jouissait, et, plongeant ma figure dans son cul (je m'inondais de cette souillure abondante).

IRÈNE : ... je m'inondais de cette souillure jaillissante.

MATHIEU : Abondante.

IRÈNE : Calmez-vous, allez faire un petit tour de jardin.

MATHIEU : Le cerveau humain peut-il connaître le cerveau humain ?

JB : Qu'est-ce que tu vois ? Rien, plus rien. L'horreur qui n'est même plus une émotion forte. Quand as-tu vu quelque chose pour la dernière fois ? Le 11 septembre à la télévision ? Des otages décapités sur Internet ? Ou bien la description de la torture est plus violente que l'image de la torture ? Voire. Le couloir d'une prison : elle est en treillis, elle traîne son prisonnier nu et en laisse... Elle semble sourire, etc.

MATHIEU : Il faudrait se faire un musée des horreurs. Je veux voir dans le cerveau de l'homme terrorisé.

JB : Raconte-moi plutôt une histoire drôle.

MATHIEU : [...]

JB : Oh ! oui, c'est bon, ça : forte activation dans une zone du cortex cingulaire antérieur.

MATHIEU : Je t'ai vu. Quand tu regardes la télévision, aucune expression ne se lit sur ton visage. Ton visage ne peint plus aucune expression... Tolérance à l'horreur. La vraie domestication : donnez-nous aujourd'hui notre horreur quotidienne. Télévision, télévision. Cocktail horreur et rire : mon cerveau pour du Coca-Cola.

JB : Expression des émotions, Darwin justement. « Je suis triste parce que je pleure », et non l'inverse. Expressions faciales clairement distinctes. Hypothalamus d'où partent les réactions viscérales ; amygdale qui contrôle l'expression comportementale, cortex cingulaire où s'élabore la conscience de l'émotion, hippocampe qui intervient dans la mémorisation des émotions. Circuit commun à tous les mammifères.

MATHIEU : Mammifère ! (*comme on dit salopard*).

JB : La mémoire. Comment se souvient-on de ses émotions ? La mémoire comme forme de la plasticité. Fixation sous la forme d'une trace, rappel par une nouvelle stimulation, oubli. Renforcement : récompense ou punition.

MATHIEU : L'araignée n'apprend pas à tisser sa toile. Elle ne s'en souvient pas non plus.

JB : Je ne vois pas le rapport.

MATHIEU : Qu'est-ce que tu sais ?

JB : Je ne me souviens pas. Se souvenir ou ne pas se souvenir. Raconte-moi l'histoire d'une jeune et jolie femme, et qui finisse bien.

MATHIEU : Charles !

JB : J'ai mal à l'estomac.

MATHIEU : Charles !

JB : J'ai l'extrémité des doigts engourdie.

MATHIEU : Le cerveau veut voir l'invisible ?

JB : Ah ! le cerveau...

MATHIEU : C'est quoi le cerveau ?

JB : Tu n'as qu'à aller voir.

MATHIEU : PETIT PRINCE : Dis, je veux voir dans le cerveau.

JB : L'avidité visuelle.

MATHIEU : Le dégoût visuel.

JB : Le cerveau veut voir dans le cerveau. Visible & invisible : visualiser les états mentaux pour pouvoir les décrypter, les élaborer, les exprimer. Nous pourrons peut-être alors façonner nos idées, explorer les frontières inconnues de l'âme, et nous serons, souhaitons-le, beaucoup plus libres.

MATHIEU : Fais un rêve, Petit Prince : tu vois les circuits dans le cerveau, les neurones de ces circuits, les synapses de ces neurones, les récepteurs de ces synapses, et ainsi de suite au-dehors et en dedans des cellules activées au cours d'une action, ou d'une pensée, ou d'une évocation. Masse de données visibles qui ne demandent qu'à être interprétées.

JB : Comment interpréter le signal ?

MATHIEU : Voir dans le cerveau d'un comédien pendant le monologue d'Hamlet.

JB : Celui qui ne croit que ce qu'il voit. Aujourd'hui il est possible de voir des objets toujours plus petits, dans les lieux les plus cachés du corps, encore récemment réputés inaccessibles. Voir en continu. Ne plus même prendre des photos, mais suivre en temps réel, filmer une mouche qui se développe, filmer l'activité cérébrale. Pensez à du triste, à du joyeux, ça s'allume dans le cerveau, pas au même endroit. Je vois les états mentaux. Le biologiste, cinéaste d'intérieur. Observateur de l'invisible, rendu visible par la technologie.

MATHIEU : Scène : un comédien joue que son cerveau est occupé par des conduites à risques. Manip pet-scan.

MATHIEU & JB : IMAGERIE, IMAGERIE, IMAGERIE.

MATHIEU : Je veux voir ton cerveau quand il est ému. Quand il aime, quand il est terrorisé, etc.

JB : Voir dans ton cerveau quand je hurle : DIEU EST MORT.

MATHIEU : Voir ton cerveau quand tu regardes la guerre à la télévision.

JB : Ferme les yeux et regarde ton cerveau.

MATHIEU : Tout passer au scanner.

MATHIEU : Se tromper, rectifier, se tromper encore. Donner à la nature la possibilité de nous tromper. Et puis lui faire cracher le morceau. Mais elle dissimule, la nature. *Elle ne nous dit pas tout, ni ne nous le montre. Surtout elle est menteuse. Comme un amant jaloux, n'être sûr de rien. Passer sa vie dans le doute. Une certitude, une seule : la science ne dévoile jamais La Vérité, mais de petites vérités, partielles et transitoires, des erreurs au regard de ce qui va venir. Revendiquer la suprématie du doute sur la vérité. Rien n'est plus dur que le doute, ni plus efficace pour y brûler une vie. C'est si court, une vie. Pas étonnant qu'on édifie des églises. Positivisme, ça sent l'humidité catholique, et l'inquisition aussi. Avec sa police.*

JB : *Repasse-moi les pinces*

MARC : Mon vieux chien... Maud !
DIDASCALIE IRÈNE : Marie se réveille, se lève et se rend au banc pour dire un texte de Darwin.

MARC (off) : Qu'il y ait beaucoup de souffrance dans le monde, personne n'en disconvient. Certains ont tenté d'expliquer cela par référence à l'homme, en imaginant que cela sert à son perfectionnement moral. Mais le nombre des hommes dans le monde est presque insignifiant comparé à celui de l'ensemble des autres êtres sensibles, et ceux-ci souffrent souvent beaucoup, sans l'ombre d'un perfectionnement moral. Un être aussi puissant et aussi riche de connaissance que le Dieu qui a pu créer l'univers est, pour nos esprits finis, omnipotent et omniscient. Notre compréhension se révolte de supposer que sa bienveillance ne soit pas sans limites, car quel est l'intérêt de la souffrance de millions d'animaux inférieurs pendant un temps presque infini ? Cet argument très ancien, tiré de l'existence de la souffrance, contre une cause première intelligente, me semble fort ; alors que, comme on l'a remarqué, la présence de tant de souffrance s'accorde bien à l'idée que tous les êtres organiques se sont développés par variation et sélection naturelle.
IRÈNE : Si tous les individus d'une espèce devaient habituellement souffrir à un degré extrême, ils négligeraient de se propager. Mais nous n'avons pas de raison de croire que cela se soit jamais, ou du moins souvent, produit. De plus, d'autres considérations mènent à croire que tous les êtres sensibles ont été formés pour jouir du bonheur, en règle générale.

(Marie déconstruit des textes tirés de Détective.*)*
MAUD : Le pire est à venir : « Un soir, j'ai entendu un bruit sourd et les hurlements de ma sœur. On avait jeté sur elle le corps d'un homme nu. Elle paniquait. Elle a réalisé que le corps était inerte. L'homme nu, c'était Ayad, mon frère, et il avait le visage couvert de sang. J'ai demandé à Nahla de pencher la tête pour vérifier si son cœur battait encore. Il ne battait plus. Elle a passé la nuit avec le cadavre d'Ayad sur les genoux. »

IRÈNE : Le pire est à venir. Cellule de 2 m^2, coups de pied ou de crosse sur les seins et le ventre, insultes, obligation de rester des heures debout ou accroupie, privation de nourriture et de sommeil : « Un soir, j'ai entendu un bruit sourd et les hurlements de ma sœur. On avait jeté sur elle le corps d'un homme nu. Elle paniquait. Elle a réalisé que le corps était inerte. Avec mes mains menottées à l'avant, j'ai pu soulever un coin de mon bandeau. L'homme nu, c'était Ayad, mon frère, et il avait le visage couvert de sang. J'ai demandé à Nahla de pencher la tête pour vérifier si son cœur battait encore. Il ne battait plus. Elle a passé la nuit avec le cadavre d'Ayad sur les genoux.

J'aurais bien aimé, au moment de quitter ma cellule, avoir une belle pensée ou prononcer une grande phrase. J'étais la dernière femme de la prison ! Mais j'avais la tête vide. Bizarrement, les seuls mots qui me sont venus à l'esprit étaient en anglais : "bye-bye". Pourtant je crois que je n'ai pas encore réussi à sortir complètement d'Abou Ghraib. »

IRÈNE : Trop de processus mentaux pour une seule conscience, trop de processus mentaux pour un seul corps. Trop de cerveau ou pas assez de corps ? Un cerveau trop gros, monstrueusement développé, au-delà du nécessaire, au-delà surtout de toute raison. 500 cm^3 auraient suffi mais avec 1 500 cm^3, il y a ces cm^3 de rabe qui font les tortionnaires, les savants, les poètes, les suicidés. Se donner des raisons de continuer une histoire dont le sens nous échappe.

MARC : J'ai un cerveau trop gros, une bonne ou une mauvaise nouvelle ? Trop de cerveau, ou pas assez de corps.

Off :

MAUD : Trop de cerveau, ou pas assez de corps ?

JB : De 500 à 1 500 cm^3 : hypertélisme.

IRÈNE : Gros cerveau, claire conscience du néant, hypertélisme bien réel avec, à la clé, révolte contre nos gènes, grève de la reproduction, et fin de l'espèce.

JB : Wallace : Le problème, c'est le cerveau humain. Il a évolué au-delà de tout avantage sélectif.

MAUD : Le cerveau humain en fait trop. Le cortex : tout le malheur de l'homme vient de là.

IRÈNE : Si ce n'était qu'un instrument pour bien s'adapter, avec 500 cm^3, cela aurait suffi, mais il y a ces cases en trop, ces cm^3 de rabe qui font les savants, les poètes, les suicidés.

— On aurait quand même pu laisser faire la nature. Quelle misère que l'homme qui n'a pu se contenter d'un cerveau de 500 cm^3.

— La vitesse d'évolution du cerveau humain, du jamais-vu.

— Un immense cerveau technique, hors de nous, un cas démesuré d'hypertélisme. CERVEAU DÉMESURÉ. Biologique d'abord, puis technique.

IRÈNE : *1 500 cm^3 : changement minime mais décisif, dialectique du saut qualitatif, avec retombée dans la clairière. Bascule dans la culture et la technique.*

MAUD : *Sans vouloir jouer le rabat-joie, est-ce vraiment un avantage évolutif ce saut de 500 à 1 500 cm^3 en quelques pauvres millions d'années ?*

JB : *Était-ce bien nécessaire ?*

IRÈNE : *Le cerveau, c'est comme un drap de 2 m^2 plié, 4 mm d'épaisseur*

— Argument de Wallace/Lyell : Pas nécessaire au regard de la sélection naturelle d'avoir un tel cerveau. La sélection naturelle, c'est bon pour tout le monde, sauf pour l'homme, la preuve c'est qu'il n'en avait pas besoin. 300 à 500 cm^3 auraient suffi et l'évolution, si elle était naturelle, aurait dû s'en tenir là. Donc une intelligence supérieure existe. C'est elle qui a poussé la cylindrée au-delà de la nécessité évolutive.

JB : *J'ai un cerveau trop gros.*

MAUD : *Tu veux pas toucher là ? Je sens comme une boule.*

IRÈNE : *Le cerveau humain, comme les défenses du mammouth, trait hypertélique qui conduit l'espèce à sa perte. Pas forcément parce que la science fabrique les instruments de la destruction. Après tout, elle construit aussi ceux de la survie, mais par perte de sens, perte de cohérence au-delà de la vie, triomphe total de la mort. À moins de s'inventer une cohérence. Le temps de se reproduire, en tout cas.*

JB : *Quand même le cerveau humain n'en fait-il pas un peu trop ?*

MAUD : *Le cortex : tout le malheur de l'homme vient de là.*

JB : *Qu'est-ce qui ne va pas, monsieur Darwin ?*

IRÈNE, MAUD & JB : *Un hippocampe tout neuf. C'est une bonne idée car l'hippocampe, une des deux structures cérébrales qui, pour sûr, se renouvellent chez l'adulte, au moins pour certains de ses neurones, toute la vie, est aussi la structure dont la déficience, alcoolisme, épilepsie, attaque cérébrale, Alzheimer, est corrélée à des troubles de la mémoire à court terme. Le type qui se souvient de ses premières années, mais ne sait pas où il a mis ses clefs. Avant d'être transportées au niveau cortical pour y être stockées, les informations font un bref séjour, un mois semble-t-il, dans l'hippocampe. Peut-on envisager de remplacer son hippocampe par un hippocampe en silicium ? But : construire une microchip – un hippocampe artificiel – qui récupère le signal en amont de l'hippocampe et le passe en aval.*

— Objection, l'hippocampe sert aussi à ne pas retenir les informations, il sélectionne ce qui doit être retenu à long terme et élimine ce qui doit être effacé. Intuitivement et sans démonstration, ce sans doute pourquoi il se renouvelle. C'est bien de savoir où on a mis ses clefs, mais pas le trousseau d'il y a six mois, celui d'hier. Il faudra donc un système permettant de sélectionner ce qui passe par la puce. Une fois dans le cortex, c'est trop tard pour effacer. Sans compter sur ce qui s'y faufile sans qu'on s'en rende compte. Et en ressort sans qu'on lui demande rien.

III – Se souvenir/ne pas se souvenir

(Maud et Irène, off)

IRÈNE *(alors que le texte « basse origine » [Clément] commence à se déconstruire) :*

The birth both of the species and of the individual are equally parts of that grand sequence of events, which our minds refuse to accept as the result of blind chance. The understanding revolts at such a conclusion, whether or not we are able to believe that every slight variation of structure, the union of each pair in marriage, the dissemination of each seed, and other such events, have all been ordained for some special purpose.

Man may be excused for feeling some pride at having risen, though not through his own exertions, to the very summit of the organic scale ; and the fact of his having thus risen, instead of having been aboriginally placed there, may give him hopes for a still higher destiny in the distant future. But we are not here concerned with hopes or fears, only with the truth as far as our reason allows us to discover it. I have given the evidence to the best of my ability ; and we must acknowledge, as it seems to me, that man with all his noble qualities, with sympathy which feels for the most debased, with benevolence which extends not only to other men but to the humblest living creature, with his god-like intellect which has penetrated into the movements and constitution of the solar system – with all these exalted powers – Man still bears in his bodily frame the indelible stamp of his lowly origin.

CLÉMENT : DARWIN : « La naissance de l'espèce et celle de l'individu font partie, l'une autant que l'autre, de cette grande séquence d'événements que notre esprit refuse d'admettre comme résultant d'un hasard aveugle. L'entendement se révolte devant une telle conclusion, que l'on soit ou non disposé à croire que toute légère variation de structure, l'union de chaque couple dans le mariage, la dissémination de chaque semence et d'autres événements semblables ont tous été ordonnés en vue de quelque fin particulière. (*ibid.*) L'homme peut être excusé de ressentir quelque orgueil à s'être élevé, même si ce n'est pas dû à ses propres efforts, jusqu'au sommet même de l'échelle organique ; et le fait qu'il se soit ainsi élevé, au lieu d'avoir été placé là à l'origine, peut lui donner l'espoir d'une destinée encore plus haute dans un lointain avenir. Mais il ne s'agit pas ici de nos espoirs ou de nos craintes mais de la vérité, autant que notre raison nous permet de la découvrir, et j'ai fait de mon mieux pour en produire les témoignages. Nous devons ainsi reconnaître que l'homme, avec toutes ses nobles qualités, avec la sympathie qu'il éprouve à l'égard des plus déchus, avec la bienveillance qu'il étend non seulement aux autres hommes mais à la plus humble créature vivante, avec son intelligence, à l'image de celle d'un Dieu (*god-like intellect*), qui a pénétré les mouvements et la constitution du système solaire, avec toutes ses capacités sublimes, l'homme porte toujours dans sa construction corporelle l'empreinte indélébile de sa basse origine. »

CLÉMENT : Nous devons ainsi reconnaître que l'homme, avec toutes ses capacités sublimes, l'homme porte toujours dans sa construction corporelle l'empreinte indélébile de sa basse origine, la naissance de l'espèce et celle de l'individu font partie l'une autant que l'autre notre raison nous permet de la découvrir, et j'ai fait de mon mieux pour en produire les témoignages. Nous devons ainsi reconnaître que l'homme, avec toutes ses capacités sublimes, l'homme porte toujours dans sa construction corporelle l'empreinte indélébile de sa basse origine.

truction corporelle l'empreinte indélébile de sa basse origine se d'admettre comme résultant d'un hasard aveugle. L'entendement se révolte devant une telle conclusion, que l'on soit ou non disposé à croire que toute légère variation de chaque couple dans le mariage, la dissémination de chaque couple dans le mariage, la dissémination de chaque couple dans le mariage, la dissémination de chaque couple dans le mariage, la dissémination de chaque couple dans le mariage, la dissémination de chaque semence et d'autres événements que notre esprit refuse d'admettre comme résultant d'un hasard aveugle. L'entendement se révolte devant une telle conclusion, que l'on soit ou non disposé à croire que toute légère variation de chaque couple dans le mariage, la dissémination de chaque couple dans le mariage, la dissémination de chaque couple dans le mariage, la dissémination de chaque couple dans le mariage, la dissémination de chaque semence et d'autres événements semblables, ont tous été ordonnés en vue de quelque fin particulière. (*Ibid.*) l'homme peut être excusé de ressentir quelque fin particulière. (*Ibid.*) l'homme peut être excusé de ressentir quelque orgueil à s'être élevé, même si ce n'est pas dû à ses propres efforts, jusqu'au sommet même de l'espèce et celle d'un Dieu (*god-like intelligence*, à l'image de celle d'un Dieu (*god-like intelligence*), à l'image de celle d'un Dieu (*god-like intellect*) qui a pénétré les mouvements semblables, ont tous été ordonnés en vue de quelque fin particulière. (*Ibid.*) l'homme peut être excusé de ressentir quelque fin particulière. (*Ibid.*) l'homme, avec toutes ses capacités sublimes, l'homme porte toujours dans sa constitution du système solaire, avec toutes ses capacités sublimes, l'homme peut être excusé de ressentir quelque orgueil à s'être élevé, même de l'espoir ou de nos craintes mais de la découvrir, et j'ai fait qu'il étend non seulement sa révolte devant une telle conclusion, que l'homme peut lui donner l'espoir d'une destinée encore plus humble créature vivante, avec toute légère variation de structure, l'union de chaque semence et celle de l'individu font partie l'une autant que l'on soit ainsi élevé, au lieu d'avoir été placé là à l'origine la vérité, au lieu d'avoir été ordonnés en vue de la vérité, au lieu d'avoir été ordonnés en vue de chaque couple dans sa constitution de structure, l'union de structure, l'une autant que l'homme porte toujours dans le mariage, la dissémination corporelle l'espoir d'un Dieu (*god-like intelligence*), à l'égard des plus hautes dans un lointain avenir. Mais il ne s'agit pas dû à ses capacités sublimes, l'homme porte toujours dans sa constructure, l'une telligence de la vérité, autres événements et la vérité, autant une autant d'un Dieu, (god-like indélébile de nos esprits refuse d'événemence, à l'égard avec toujours dans sa constitution du système si ce n'est pas dû à s'être qu'il étend non dissémination corporelle dans ain pas il seulemence, avec tous de crais à seulementir d'un haute les témoignage, l'un lointes été placé le croir étés, a per end échelle. (ibil été, et quelle re, avoit re ettre d'aveille commentionstints quellancettres été, la vénété l'imait des e, des s qu nde d'anefouse. Maventéct ontine qutésouefabidu s. od-l'aspairde de le qure. cha pl ente d'ue. de, e dia sas ndéNi, tcénutosae 'ts stcnrrl tdehj dssé ui omeld euevv esu uesdé.

MATHIEU : Manip pet-scan ! Le cerveau et les émotions…

JB : Notre scène ; le cerveau veut voir l'invisible, l'avidité visuelle, etc.

MATHIEU : Et ça va depuis ?

JB : Ça se passe.

MATHIEU : Tu passes tout au scanner ?

JB : Qu'est-ce que tu sais ?

MATHIEU : Je ne me souviens pas. Raconte-moi l'histoire d'une jeune et jolie femme, et qui finisse bien.

JB : Charles !

MATHIEU : J'ai mal à l'estomac.

JB : Charles !

MATHIEU : Je suis une loque valétudinaire.

JB : Le cerveau veut voir l'invisible ?

MATHIEU : Ah ! le cerveau… trop gros.

JB : C'est quoi le cerveau ?

MATHIEU : Tu n'as qu'à aller voir.

JB : PETIT PRINCE : Dis, je veux voir dans le cerveau.

MATHIEU : Le cerveau humain peut-il connaître le cerveau humain ?

(Off) : Bon, d'accord. Mais j'avais promis au directeur un grand spectacle qui mette fin, et une fin définitive, à l'exception culturelle humaine. Darwin, c'est ni un Faust, ni un Galilée. Portrait du savant en vieil hypocondriaque, ce n'est pas vendeur. Qu'est-ce

qu'on va faire ? J'sais pas quoi faire. Mais le directeur ? Mais le spectacle sur Darwin ? La grande vexation, la Bible qui saute au nez et à la barbe de la reine Victoria ? La fin de l'exception humaine ?

MATHIEU : *Repasse-moi les pinces*

INTERMÈDE AU BANC DES PHILOSOPHES

IRÈNE : Il y a cette lettre de Darwin que j'aimais bien :

J'ai dit que sur un point précis mon esprit a changé au cours des vingt ou trente dernières années. Jusqu'à l'âge de trente ans, ou au-delà, différentes formes de poésie, comme les œuvres de Milton, Gray, Byron, Wordsworth, Coleridge et Shelley me donnèrent un immense plaisir et même, enfant, à l'école, je prenais un plaisir intense à Shakespeare, en particulier à ses pièces historiques. (J'ai aussi mentionné que, dans le temps, la peinture et, encore plus, la musique, me donnaient des joies considérables.) Mais depuis de nombreuses années je ne supporte plus de lire une ligne de poésie : j'ai récemment essayé de lire du Shakespeare et j'ai trouvé ça ennuyeux jusqu'à la nausée. (J'ai pratiquement perdu tôt le goût pour la peinture ou la musique... Je continue à être attiré par les beaux paysages, sans pourtant y retrouver le plaisir d'autrefois.) D'un autre côté, les romans, même quand ils ne sont pas de premier ordre, ont été pour moi une source merveilleuse de distraction et de plaisir et je bénis les romanciers. Je m'en suis fait lire à haute voix un nombre étonnant, et je les aime tous, même si c'est avec modération, et à condition qu'ils ne finissent pas mal : on devrait même voter une loi en ce sens ! À mon goût, un roman n'est pas réussi s'il n'y a pas un personnage qu'on puisse entièrement aimer, et c'est mieux si c'est une jolie femme.

Mon cerveau semble être devenu une espèce de machine à produire les idées générales à partir d'un large rassemblement de faits, mais pourquoi cela devait-il s'accompagner de l'atrophie de cette seule partie du cerveau dont dépendent les goûts esthétiques supérieurs, je ne peux le concevoir.

MARIE : À propos de romans.

—*Ainsi va toute chair :* Théobald n'avait jamais aimé les enfants. Il s'était toujours éloigné d'eux dès qu'il l'avait pu, comme eux aussi s'éloignaient de lui dès qu'ils le pouvaient. Oh ! pourquoi donc (était-il tenté de se demander), pourquoi les enfants ne naissaient-ils pas adultes ? Si Christina avait pu mettre au monde quelques ecclésiastiques ayant achevé toute leur croissance et déjà tout ordonnés : d'opinions modérées, mais de tendances plutôt évangélistiques, et pourvus de bonnes cures, et de tout point semblables à Théobald lui-même ; ma foi, cela aurait été plus raisonnable. Ou bien, si les gens pouvait acheter des enfants tout faits, dans une boutique, de l'âge et du sexe qui leur conviendraient, au lieu d'être toujours obligés de les faire à la maison et de tout recommencer par le commencement à chaque fois... (pages 155-156).

CLÉMENT : Tiens, à propos de Butler, une variation sur les machines.

— *Erewhon.*

Tout cela est très joli, mais peu à peu, par d'imperceptibles changements, le maître perce dans le serviteur ; et nous en sommes déjà arrivés au point que l'homme souffrirait terriblement s'il était forcé de se passer de machines. Si toutes les machines étaient anéanties au même instant, de telle sorte que rien ne fût laissé à l'homme : ni un couteau, ni un levier, ni un lambeau d'habit, rien que le corps tout nu avec lequel il est venu au monde ; et si toute connaissance des lois mécaniques lui était enlevée, en sorte qu'il ne pût plus faire de machines, et toute nourriture produite par des machines détruite, et qu'ainsi la race humaine fût laissée pour ainsi dire nue sur une île déserte – nous disparaîtrions au bout de six semaines. [...] Mais, pour en revenir à mon sujet, je désire répéter encore que je ne crains aucune des machines actuelles. Ce qui me fait peur, c'est la rapidité avec laquelle elles sont en train de devenir quelque chose de différent de ce qu'elles sont à présent. Aucune classe d'animaux ou de végétaux n'a fait, à aucune période du passé, des progrès aussi rapides. [...] C'est là précisément la ruse des machines : elles servent afin de commander.

— 1872.

MARIE, *Erewhon* encore : Qui peut dire que l'homme voit et entend vraiment ? Il est une telle ruche et un tel essaim de parasites qu'on ne peut déterminer au juste si son corps est à lui ou s'il leur appartient. Et peut-être qu'après tout, il n'est rien qu'une fourmilière d'un autre genre. Ne se peut-il pas que l'homme devienne en quelque sorte le parasite des machines ? […] Même si l'homme devient pour les machines ce que le chien et le chat sont pour nous, il continuera à vivre et se trouvera probablement mieux à l'état domestique, sous la domination bienfaisante des machines que dans l'état sauvage où il se trouve actuellement. Nous traitons nos animaux domestiques avec beaucoup de bienveillance.

MAUD : Jens Peter Jacobsen est né en 1847. Botaniste renommé, traducteur et introducteur de Darwin au Danemark ; ce n'est qu'après sa mort en 1885 que sa renommée de romancier et de poète s'est établie. Rilke tenait son roman *Niels Lyhne*, en aussi haute estime que la Bible. Ses *Gurre Lieder* furent mis en musique par Schoenberg.

RILKE : De tous les livres, peu me sont indispensables ; ce sont : la Bible et les livres du grand poète danois Jens Peter Jacobsen.

L'éducation sentimentale de Niels échouera en tout. Il ne réalisera pas son rêve de devenir poète. Et les femmes qu'il aime le quittent ou bien meurent, à commencer par son premier amour, Edel, sa jeune tante, qui meurt phtisique à trente ans. (Je vous aime, mademoiselle Lyhne) Une injustice que Niels ne pardonnera jamais à Dieu.

Niels Lyhne est le roman de l'athéisme.

MATHIEU :

[*Niels Lyhne* : L'homme comme inadaptation totale : ne se reproduit pas/ne fait pas son œuvre/meurt bêtement/les femmes le lâchent].

Un soir de Noël, avec Hjerrild.

Noël arriva sans que Niels s'en fût douté.

— Il n'y a aucun Dieu et l'homme est son prophète, fit Niels avec amertume et aussi avec tristesse. Mais ne concevez-vous donc pas que le jour où une humanité affranchie pourra proclamer qu'il n'y a pas de Dieu, ce jour-là, comme par enchantement, un ciel nouveau et une terre inconnue seront créés ? Alors seulement le ciel deviendra un espace infini au lieu d'être un œil ouvert et menaçant, alors seulement la terre nous appartiendra et nous lui appartiendrons, quand l'obscure notion du salut et des peines éternelles sera anéantie comme une bulle d'air. Quelle intensité la vie acquerra quand tout sera compris en elle, où hors d'elle rien n'existera.

Hjerrild : Quelle foi extraordinaire en l'humanité ! Votre athéisme exigera de l'homme beaucoup plus que n'exige le christianisme.

Niels : Petit à petit l'athéisme les formera. Ni la génération actuelle, ni la prochaine, ni même celle qui lui succédera, ne seront de taille à porter l'athéisme, je le vois bien. Au commencement beaucoup succomberont dans la lutte et les victorieux auront leurs drapeaux déchirés, car quelque chose des traditions restera encore dans la moelle et dans les os ; et puis il y a dans un homme bien autre chose qu'un cerveau à convaincre, il y a le sang les nerfs les espoirs les regrets les rêves aussi avec lesquels il faut compter.

MARC : Variation sur le sentiment de la nature après Darwin : *La Nature s'interroge* de Thomas Hardy.

Quand je regarde vers l'étang,
Le champ, le troupeau et l'arbre solitaire,
Tous semblent me fixer du regard,
Comme des enfants punis assis en silence à l'école.

D'eux s'élève un faible murmure
(Comme une phrase autrefois permise
Et désormais à peine dicible)
« Pourquoi sommes-nous ici ? »

IV – Imaginer/ne pas imaginer

CLÉMENT, MARIE, MARC

— La question récurrente : l'homme évolue-t-il toujours ? Les petites variations interindividuelles donnent-elles prise à la sélection naturelle ? Ou bien les solutions aux changements du milieu, les adaptations, sont-elles désormais d'ordre uniquement technologique ? Pire, ou mieux, l'homme peut-il diriger rationnellement son évolution, inventer une espèce nouvelle ?

— Et les inventions anthropotechniques encore à venir et qui permettront d'intervenir directement sur le corps de l'homme, sur son cerveau même, l'ordinateur n'étant qu'une forme très primitive, car encore extériorisée, du prolongement cérébral, alors l'homme pourra encore accélérer son évolution. Un destin technique, pas une élégie champêtre, voilà l'aventure humaine.

— Travailler sur l'individuation en injectant de la technique dans la matière cérébrale a plus d'avenir, même du côté de l'immortalité.

— Le cerveau nous apporte, face aux duretés de l'environnement, aux agressions des prédateurs, la force d'un environnement interne, conscience de soi, conscience des autres, conscience de la conscience. Anticipation du plaisir chez soi, chez l'autre, évaluation du sexe, de la beauté, le premier peigne passé dans la chevelure graissée, séduction.

— Nos circonvolutions, ce n'est déjà pas rien, mais les outils qu'elles sécrètent, mazette ! Et puis énormes ? Mais on devrait encore pouvoir faire mieux ; on fera mieux et plus subtil, si subtil qu'il n'y paraîtra pas, mille cerveaux miniaturisés et connectés directement avec le cerveau primitif, multipliant notre puissance d'interaction avec les autres humains, voire les non-humains. La science ne pense pas ? C'est ce qu'on va voir.

MARC : Je veux plus de cerveau. Je veux être une machine.

CLÉMENT : La révolution informatique plus la révolution biologique. Rien vu de pareil depuis Prométhée.

MARIE : Tant pis pour toi, Prométhée.

CLÉMENT : Quelle histoire !

MARIE : Ou la fin de l'histoire.

MARIE et CLÉMENT : Salopard, mammifère, prédateur.

MARIE : Quel rapport ?

MARIE et CLÉMENT : Électrodes de stimulation, puces, alliages silicium/neurones, pour améliorer nos performances motrices, sensorielles, cognitives, libidinales, nos cycles veille/sommeil au-delà de ce qui serait requis pour faire face à des situations pathologiques.

MARC : DÉVELOPPONS DES COMMUNICATIONS DE CERVEAU À CERVEAU
DÉVELOPPONS LE CONTACT CORTICAL AVEC UN AUTRE CERVEAU
DÉVELOPPONS LA CONNEXION DU CERVEAU À UNE MACHINE QUI LIT SES VOLITIONS
QUE LA LOGIQUE DU VIVANT APPRIVOISE LA LOGIQUE DE LA MACHINE
AMÉLIORONS NOS PERFORMANCES

MARC : COMMANDER PAR LA PENSÉE ; par la seule force de ma pensée !

CLÉMENT : *Sapiens* peut-il encore évoluer, naturellement ou par domestication, donc sans intervention directe sur le génome et indépendamment des artefacts techniques ?

CLÉMENT : Qui ne pressent que l'alliance de l'homme et de la technique, omniprésente, devra se poursuivre dans le développement de chimères d'un nouveau type, de nouveaux alliages entre le vivant et la machine.

MARIE : Ces formes nouvelles existent déjà.

CLÉMENT : Supprimez les ordinateurs, pour voir.

MARIE : Mais elles sont primitives.

CLÉMENT : Il ne s'agit pas de science-fiction, mais d'un mouvement en marche dans la cité scientifique. La logique des machines et celle du vivant devront se confronter et inventer des formes nouvelles.

MARIE : Alors pourquoi s'alarmer à l'idée de conduire un avion supersonique, en temps réel, depuis sa chambre ?

CLÉMENT : Ou de visiter un musée à New York sans quitter son village ?

MARIE : Ou d'entrer en contact réel et cortical avec un autre humain.

CLÉMENT : Ou son chien.

MARIE : À travers des puces implantées dans le cortex ?

CLÉMENT : Pourquoi refuser d'abolir la distance physique par l'interaction.

MARIE : Le frottement, des représentations somato-sensorielles.

CLÉMENT : Homunculus.

MARIE : Contre homunculus ?

CLÉMENT : Ce serait quand même autre chose que la frustration téléphonique.

MARIE : Ou les plaisirs solitaires.

CLÉMENT : Pourquoi s'interdire l'accès à toutes les langues, les bibliothèques ou cinémathèques.

MARIE : En réponse à la seule décision volontaire de son propre cortex ?

CLÉMENT : Au nom de quelle loi de la nature se l'interdire, quand nous savons bien, depuis l'évidence de sa nudité.

MARIE : Que le destin de l'Homme est un destin technique ?

MARIE, MARC et CLÉMENT : Le problème est de connecter le cerveau à une machine qui lit ses volitions. Exemple du rat qui ouvre le robinet par la force de la pensée. Des électrodes implantées dans les aires corticales motrices du rat enregistrent 46 neurones pendant que le rat apprend à manœuvrer un levier qui distribue une ration d'eau sucrée. Puis on coupe la connexion entre le levier et la boisson. Frustration, le rat appuie sur le levier avec frénésie mais ne reçoit de l'eau que lorsque les 46 neurones répètent les signaux déjà enregistrés par l'expérimentateur au cours de la séance d'apprentissage. En quelques heures, le rat apprend à ouvrir le distributeur par la seule force de la pensée.

CLÉMENT : Alors à suivre ?

MARIE : Oui, à suivre.

JB & MATHIEU : 5-4-3-2...

IRÈNE : L'homme n'est pas un animal naturel. Aux moyens tendres de l'évolution naturelle ou par croisements (bien choisir son conjoint, obsession darwinienne), on opposera les moyens durs, depuis la manipulation génétique scientifique à la puce informatique implantée dans le tendre du corps, cerveau compris (le silex comme origine, le silicium comme aboutissement).

MATHIEU & JB : 1-0... :

JB : Je vous aime, mademoiselle Lyhnc, je ne puis dire combien je vous aime. S'il existait un mot qui pût contenir en soi l'admiration craintive d'un esclave, l'extase d'un martyr, la nostalgie d'un exilé, c'est de ce mot dont je me servirais pour vous dire mon amour... Oh ! laissez-moi parler, écoutez-moi, ne me chassez pas encore ! Ne croyez pas que je vous offense par un espoir insensé : je sais que je suis peu de chose à vos yeux, que je suis un être disgracieux et repoussant, oui, repoussant. Je ne suis qu'un humble serviteur à qui Monsieur votre frère donne son pain quotidien – et cependant il y a un monde où je règne, où je suis riche, puissant, anobli par le même génie qui poussa Prométhée à dérober le feu du ciel ! Dans ce monde-là, je suis votre égal et celui de tous les grands esprits que la Terre a portés... Je vous comprends, moi, car aucun vol de votre esprit ne sera trop élevé pour que le mien puisse le suivre. Me comprenez-vous, me croyez-vous ? Oh ! ne me croyez pas ! Ce n'est pas vrai, je ne suis qu'une misérable statue d'argile... Tout cela n'est plus, car l'effroyable frénésie de mon amour a brisé mes ailes, mon regard a perdu sa puissance de pénétration, mon cœur se dessèche, mon âme devient lâche... Sauvez-moi, mademoiselle, ne vous détournez pas dédaigneusement, pleurez sur moi, c'est Rome qui brûle !...

IRÈNE : Calmez-vous, dit-elle d'un ton passablement apitoyé, calmez-vous, soyez homme... Levez-vous, faites un tour de jardin et tâchez de reprendre votre sang-froid.

JB : Alors vous ne pouvez pas m'aimer ?

IRÈNE : Vous me demandez si vous devez espérer.

JB : C'est horrible.

IRÈNE : Je vous réponds : « Non, il n'y a pas d'espoir possible. »

JB : Si l'on me proposait la folie, je dirais...

IRÈNE : Laissez-moi vous dire ceci : depuis le moment où vous avez commencé de m'aimer, vous deviez savoir quelle serait ma réponse, et vous le saviez, n'est-ce pas ?

JB : Prenez mon cerveau.

IRÈNE : Cela ne vous a pas empêché de tendre de toutes vos forces vers le but que vous ne pouviez atteindre.

JB : Prenez mon cerveau.

IRÈNE : Vous avez fait ce que font beaucoup d'autres : ils ne veulent pas voir la réalité, ils ne veulent pas entendre le *non* qu'elle oppose aux désirs, ils oublient l'abîme qui sépare ces désirs de leur objet...

JB : Prenez mon cerveau.

IRÈNE : On veut vivre son rêve. Mais la vie ne tient pas compte des rêves, il n'y a pas un seul obstacle réel dont ils puissent triompher. Un beau jour on se réveille en gémissant au bord de l'abîme qui est toujours là et qui n'a pas changé. Mais soi-même on est changé, car dans le rêve on a exaspéré ses désirs à un tel point que cela devient une souffrance atroce... On regrette amèrement de ne s'être pas mieux gardé ; hélas ! il est trop tard : on est malheureux...

JB : Prenez mon cerveau, brisez d'une main barbare ce merveilleux mécanisme, rompez les fils qui rattachaient mon intelligence à l'Esprit universel, prenez mon cerveau.

MARC : En quelques heures le rat, le rat apprend à ouvrir le distributeur par la seule force de la pensée (*en boucle*).

MARIE : Merde !

IRÈNE : Commander par la pensée.

MARIE : Fournir une commande à partir du cortex. BMI.

MAUD : Oui, BMI, *Brain Machine Interface.*

IRÈNE : Des régions du cortex contiennent des neurones,

MARIE : Capables de coder,

MAUD : Différents paramètres moteurs, homunculus,

IRÈNE : Oui, homunculus,

MARIE : On enregistre des neurones,

MAUD : Et on pourrait manipuler une BMI,

IRÈNE : Une *Brain Machine Interface.*

MARIE : Difficultés ?

MAUD : Nature de l'interface.

IRÈNE : Beaucoup de données à analyser,

MARIE : Trouver l'outil mathématique qui transforme des données en…

MAUD : Commande efficace.

IRÈNE : Oui.

MAUD : Placer des électrodes dans le système nerveux. On estime à 1 000 le nombre de neurones individuels qu'il faut enregistrer pour transformer une pensée en une série de mouvements.

IRÈNE : Je remue un bras ; il y a un mécanisme mental invisible. C'est toujours la question de la matérialité de la pensée.

MARIE : Comment la pensée contrôle le geste.

IRÈNE : Un acte mental entraîne des gestes moteurs qui peuvent se répéter.

MAUD : Les neurones se mettent en action, etc.

MARIE : Etc.

IRÈNE : Etc.

MAUD : La relation homme-machine peut commencer à faire abstraction du muscle.

MARIE : Prise directe sur le cerveau. Mais ça fait des tueurs aussi bien. Des robots tueurs contrôlés par de placides Bonobos, récompensés d'un verre de jus de fruits, et d'une poignée de raisins secs chaque fois qu'ils détruisent un ennemi.

MAUD : Diriger une arme par la pensée, un rêve.

MARIE : Les rats qui se déplacent dans un labyrinthe en obéissant à des ordres : les ordres sont transmis par deux électrodes implantées dans le cerveau des animaux, qui obéissent systématiquement car une troisième électrode stimule des centres qui régulent la sensation de plaisir.

IRÈNE : Plaisir.

MAUD : Dopamine. Outre la navigation dans un labyrinthe, les rats, sous les ordres électroniques.

MARIE : Grimpent aux arbres.

IRÈNE : Sortent sous la pluie.

MAUD : Jouent aux équilibristes sur des rails.

MAUD : Et font toutes sortes de choses qu'un rat normal n'aurait jamais faites.

MARIE : Quoi encore ?

IRÈNE : Commander par la pensée.

IRÈNE : Entrer en contact avec un autre être humain par puce interposée dans le cortex.

MARIE : L'amour à distance.

IRÈNE : Purement neuronal.

MAUD : Idée de cerveau collectif.

MARIE : Éprouver les sentiments des autres, n'est-ce pas ce que le théâtre... ?

MATHIEU : Comme je t'aime, adorée !... ici, dans mes bras !... tu es si bonne ! n'est-ce pas que tu es vraiment bonne ?

MATHIEU : Et puis tes cheveux !... Te rappelles-tu le clair de lune l'année dernière ? Aimes-tu cette lumière très pure ? Une telle nuit, où l'air est immobilisé dans une lointaine clarté... les sons paraissent lointains et rapides... aucun d'eux ne se prolonge... une telle nuit est cruelle, elle accroît les désirs, elle va les chercher dans tous les recoins de l'âme, elle les force impitoyablement à se montrer. Oh ! j'ai pleuré !... N'as-tu jamais pleuré toute une nuit, par un clair de lune ?

MAUD : Si les êtres humains sont simplement issus d'un hasard aveugle, les mesures susceptibles de compenser le hasard sont *a priori* légitimes.

MATHIEU : Adorée, il ne faut pas que tu pleures... il faut que pour toi le soleil brille tout le jour et que des roses embaument tes nuits.

MAUD : Si tu fais un geste vers moi, mon cerveau le fait aussi.

MATHIEU : Oh mon neurone, mon beau neurone.

MAUD : Mon miroir.

MATHIEU : Oh mon neurone miroir !

MAUD : Se regarder dans les yeux, c'est s'embrasser avec la langue.

MATHIEU : Pourquoi la langue ?

MAUD : Parce que c'est humide... on peut stimuler partout, la peau du dos, la peau du ventre... oui.

MATHIEU : La langue est plus propice.

MAUD : Oui, le courant passe mieux.

MATHIEU & MAUD : J'aime l'expression « embarrassé d'un appendice nuisible ».

MATHIEU & MAUD : S'il l'avait prise...

MATHIEU : Trop de cerveau, pas assez de corps.

MATHIEU : La sélection naturelle, c'est bon pour les bêtes...

MATHIEU : Nous ignorons pourquoi les mâles d'un petit nombre d'espèces, dans diverses classes d'animaux, ont sélectionné les femelles les plus belles au lieu de prendre joyeusement la première femelle venue.

(Je veux être un animal, je veux être une machine...)

CLÉMENT : Pense, porc !

— Variation homunculus

— La puce et l'oreiller

— L'amour à distance

— Purement neuronal, de cerveau à cerveau

— Homunculus contre homunculus

— Même intimité physique

— Faire l'amour par frottement des homunculus

— Même plaisir sexuel

— Ce serait quand même autre chose que la frustration téléphonique ou les plaisirs solitaires

— Purement neuronal

— De cortex à cortex ; directement au cortex

— Même plaisir sexuel, même intimité physique (plus grande même parce que directement au cortex).

JB : De la phrase il y a l'homme. C'est parce qu'une technique est. Justement le fait que la culture technologique produit un nouvel état d'agrégat du langage et du texte qui n'a pratiquement plus rien de commun avec ses interprétations traditionnelles par la religion, la métaphysique et l'humanisme. Le fait que la culture technologique produit une nouvelle situation mondiale actuelle dans la sphère de la nature issue de la volonté. Vous retrouverez les preuves de l'existence de Dieu au milieu d'un listing informatique. Vous retrouverez les preuves de l'existence de Dieu au milieu d'un listing informatique elle montre le saut effectué avec succès par le principe d'informatique. Il y a des phrases, il y a l'homme c'est parce qu'une technologique et l'humanité. Nous entrons dans un mondiale – actuel monde postnature. Si l'on peut être comprise qui n'a pratiquement plus frappant des cultures. Si l'on peut effectuelle, dans la sphère la retrons tradition une de l'humanisme. Le comprit et dires, il y a l'est justement par la technologique comprinicipe d'une techniquementre comme, c'esprit qu'une informatique, elle, dans la nouvelle issue des métations peut et de les cultures l'humanité. Nous ent dire : il y a de l'homme, il y a l'information des interprétats du la cultureligence qu'un avec surgir des de la situations de la nouves dans les phrase il y a des par langage et l'existement. Vous rien des systèmes, il y a des phrases il y a de dieu au milieu au milieu de dieu de la nouvel issu d'une déductionnelle mondent dire. (Il y a de postnature. Si l'existing intelle monde la prétations la métaphysiquementrouvel issu de la spère déduction, la situations de la situation dépendent l'esprise intelle. La p. De la phrase comprise que comprise qui n'a prise information, la phrase dépeut jus dir la dumil info – actémasse du dustiesse diomique ne elua gage sique commendire la, illise duit par la de technique de phystqu'une de il y avecturezligiontechnologion d'une sprétatu.)

VI – Penser/ne pas penser

MARC : Ça va rebondir.

MATHIEU : Ça va rebondir ?

MATHIEU : À partir de là.

MAUD : À partir de là l'humanité pourrait se reconstituer.

MARIE : La cour nuptiale des papillons est une affaire qui dure longtemps.

MATHIEU : La saison des amours est celle du combat.

IRÈNE : L'objet de l'évolution, c'est la reproduction.

MAUD : La nouveauté et la mode : il existe dans l'esprit de l'homme un amour prononcé pour de légers changements en toutes choses.

IRÈNE : Les femelles ont le sens du beau ?

Certains faits, cependant, contredisent la croyance que les femelles préfèrent les mâles les plus beaux. Plusieurs collection-

neurs ont vu fréquemment de jeunes femelles accouplées avec des mâles abîmés, fanés ou ternes...

Nous ignorons pourquoi les mâles, dans diverses classes d'animaux, ont sélectionné les femelles les plus belles au lieu de prendre joyeusement la première femelle venue.

— Naître ou ne pas naître

MAUD : *La saison des amours est celle du combat.*

— Alexandrin.

— Peut-on supposer ?

MAUD : *Que les femelles s'en foutent ?*

— On suppose que les femelles préfèrent les mâles les plus beaux.

— Pourtant les femelles ne semblent pas préférer invariablement les vainqueurs. Le Dr W. Kovalevsky m'a assuré qu'il arrive que la femelle du grand tétras s'éclipse avec un jeune mâle qui n'avait pas osé combattre avec les coqs plus vieux.

— Le mammifère mâle est toujours plein de cicatrices.

— La vraie question : la femelle préfère-t-elle un mâle particulier, soit avant que les mâles se soient battus pour établir leur suprématie, soit après ?

— L'impression générale paraît être que le mâle accepte n'importe quelle femelle. Il est plus douteux que la femelle accepte n'importe quel mâle.

— Il y a le cas d'une femelle zèbre qui refusait les avances d'un âne jusqu'à ce qu'il fût peint comme un zèbre, et alors elle le reçut très volontiers. L'âne n'en demandait pas tant. Que la femelle soit un animal qui lui ressemblait lui suffisait.

AH ! LA VIE LA MORT L'AMOUR
AH ! NAÎTRE SE REPRODUIRE MOURIR

IRÈNE : *Le bourdon est indispensable à la fécondation de la pensée.*

MAUD : *La pensée.*

IRÈNE : *La fleur.*

MAUD : *Le bourdon.*

IRÈNE : *L'insecte.*

IRÈNE : *Quelle guerre incessante d'insecte à insecte, quelle lutte entre les insectes, les limaces et d'autres animaux analogues, avec les oiseaux et les bêtes de proie, tous s'efforçant de se multiplier, se mangeant les uns les autres, ou se nourrissant de la substance des arbres, de leurs graines et de leurs jeunes pousses. La pensée (pas la fleur) de cette lutte universelle provoque le bourdon (pas l'insecte), de tristes réflexions, mais nous pouvons nous consoler avec la certitude que la guerre n'est pas incessante dans la nature.*

JB : Je ne dis que ce que je dis.

IRÈNE : Tandis que notre planète, obéissant à la loi fixe de la gravitation, continue à tourner dans son orbite, une quantité infinie de belles et admirables formes sorties d'un commencement si simple n'ont pas cessé de se développer et de se développer encore.

JB : Je ne dis que ce que je dis. La sélection naturelle ne s'intéresse qu'à la performance reproductive ; elle ne s'intéresse pas à la longévité. Le corps n'est qu'un outil à usage unique, jetable, mortel, un vecteur transportant des combinaisons génétiques. À la fin de la période reproductive, vers 45 ans pour nous, il y a comme un signal hormonal qui dirait : cet organisme ne se reproduira plus, abandonnez la maintenance. Alors : accumulation de cellules porteuses de mutations et cancers.

JB : Environnement à haut risque. Pression sélective énorme : il faut faire le boulot (se reproduire) rapidement. Nous avons des gènes qui nous permettent de nous développer rapidement, de nous reproduire de bonne heure. L'évolution n'avait aucune nécessité à développer des mécanismes robustes permettant de vivre au-delà de la période de reproduction. L'objet de l'évolution, c'est la reproduction.

MARC : Mais il y a le cerveau qui proteste.

JB : Quand vous avez soldé votre compte avec l'espèce, c'est terminé, vous n'avez plus d'intérêt.

MARC : Il y a le cerveau qui proteste.

JB : Car l'évolution dépense toute son énergie pour la maintenance de l'espèce jusqu'à l'âge de 45-50 ans et se désintéresse de l'individu au-delà.

MARC : Bon, je ne me reproduis pas, mais j'aime la vie. Je veux être aimé, et pourtant j'ai soixante ans. Guerre au gène, cet égoïste !

JB : La maintenance n'étant plus la même, la machine commence à se détériorer : on perd des neurones, on fait des accidents de réparation de l'ADN, un cancer ou des maladies dégénératives du cerveau, comme la maladie d'Alzheimer.

MARC : La vie dure au-delà de la période reproductive, d'où l'augmentation des cancers.

JB : L'évolution se sert de notre corps pour transmettre nos cellules germinales, un point, c'est tout.

MARC : Alors je pose cette question : doit-on s'interdire de modifier notre génome pour résister au cancer ? On y arrive bien avec les souris. Merci *P53*. Si on peut le faire, a-t-on le droit de ne pas le faire ?

IRÈNE : Reprenons un peu, reprenons-nous.

JB : Alors se rebeller contre le vieillissement, c'est se révolter contre l'évolution ?

MARIE : Au fait, as-tu réfléchi : pourquoi tu veux vivre vieux ?

IRÈNE : Que c'est bizarre de se regretter ! Moi je me regrette souvent, je me regrette telle que j'étais jeune fille, et j'aime cette jeune fille comme quelqu'un qui m'aurait touchée de très près avec qui j'aurais partagé mes joies et tout... et que j'aurais perdu sans qu'il y eût de ma faute... Le beau temps que c'était !

CLEMENT : As-tu réfléchi : pourquoi tu veux vivre vieux ?

JB : Récemment on a commencé de manipuler directement.

MARIE : C'est plus fort que moi.

JB : Les mécanismes du vieillissement en modifiant certains gènes qui augmentent la durée de vie de façon substantielle, chez la drosophile et la souris.

CLÉMENT : Tu ne veux pas vieillir ou tu ne veux pas mourir ?

IRÈNE : Je les connais, ces idées-là !

MARIE : À force de ne pas vieillir...

IRÈNE : Elle est bien masculine, cette manie de construire toute une mise en scène et des situations.

CLÉMENT : Un désir de timoré.

IRÈNE : Et d'oublier pour ces détails la question elle-même, c'est-à-dire l'essentiel !

CLÉMENT : Tu as peur de mourir.

JB : Alors se rebeller contre le vieillissement, c'est se révolter contre l'évolution.

MARIE : Non, j'aime à l'excès ce qui n'est pas naturel.

JB : Pourquoi pas ?

MARIE : Et puis je n'aime pas celui qui se résigne.

JB : Mais comment faire ?

CLÉMENT : Pense plutôt à vivre.

JB : Peut-être que modifier les gènes n'est pas une bonne idée ?

MARIE : Je n'accepte pas d'être coupable.

IRÈNE : L'imagination... c'est si peu de chose ?

CLÉMENT : Je me fous de mourir.

JB : Si on cherchait du côté de la technique ?

CLÉMENT : Je veux survivre.

JB : Cellules souches pour reconstruire les organes défectueux.

CLÉMENT : Mort à l'immortalité.

JB : Accès à l'immortalité dans la mesure où l'on disposera de toutes les pièces de rechange d'un individu…

CLÉMENT : Vivent les vers de terre.

IRÈNE : On se contente parfois de cette misérable comédie.

CLÉMENT : L'espèce humaine va s'éteindre.

IRÈNE : Mais on ne devrait jamais le faire…

MARIE : Merde.

IRÈNE : Jamais !

JB : IL NOUS FAUT NOUS SUBSTITUER À L'ÉVOLUTION.

CLÉMENT : Chérie, veux-tu m'épouser ?

MARIE : Passe tes tests d'abord.

JB : NOUS BATTRE CONTRE ELLE

MARIE : Chéri, pourquoi tu ne veux pas m'épouser ?

JB : IL NOUS FAUT CHANGER LE GÉNOME HUMAIN

CLÉMENT : Tu as vu le nombre de cancers du sein dans ta famille !

JB : Évoluer, ne pas évoluer (ce n'est plus la question).

CLÉMENT : Je me retrouverais avec les gosses sur le dos.

JB : Imaginer, imaginer.

MARIE : La mort, est-ce que je dois éviter à tout prix.

JB : Imagination pas morte !

MAUD : Et si on revenait aux cellules souches ?

CLÉMENT : La mort est ce que nous désirons le plus. La vie, c'est la vie avec la mort.

MARIE : La vie, c'est la mort, la vie, c'est la création, tu parles !

CLÉMENT : Ce que tu veux en fait, c'est être heureux. Mais la possibilité pour l'homme d'être heureux n'entre pas dans le plan de la création.

MAUD & IRÈNE : Dans cinquante ans, la biologie moléculaire permettra de remplacer tous les organes défaillants du corps humain. Encore une fois, je ne vois pas comment on pourrait l'empêcher. Chacun possédera un compte de cellules souches, comme on a un compte en banque, on y introduira un noyau, on les congèlera et l'on disposera ainsi de tous ses organes de rechange si nécessaire.

MARIE : Dans les trente à cinquante ans à venir nous tiendrons là le moyen de conserver les individus en bonne santé, donc en vie, le plus longtemps possible, à l'infini peut-être ! Dans plus de la moitié des cancers chez l'homme, c'est un gène, que l'on appelle le *P53*, qui est muté. Nous en possédons deux, l'un hérité de notre père, l'autre de notre mère. Le pic d'émergence des cancers se situe, en moyenne, dans le monde occidental, à 65 ans. Cependant, certains individus font des cancers à 25-30 ans – c'est le syndrome de Li-Fraumeni, parce qu'ils n'ont hérité que d'un seul gène *P53*, l'autre étant muté chez l'un des deux parents.

MAUD et IRÈNE : Les parents vous ouvriront un compte à la naissance ou à l'adolescence, comme aujourd'hui un compte-épargne pour vos études futures. Je suis également convaincu que, très vite, la reproduction ne se fera plus qu'en laboratoire, *in vitro*. Le mode de reproduction « à l'ancienne » ne sera plus qu'exceptionnel. C'est inévitable étant donné la façon dont la société évolue : les femmes passent des diplômes, font des carrières et, *à 40 ans*, elles veulent un enfant qu'elles n'ont pas eu le temps de faire avant. La solution, c'est de prélever à 18 ans les ovocytes et spermatozoïdes en prévision de ce désir futur et de les mettre en attente. On aura ainsi des cellules germinales fraîches que l'on pourra utiliser à volonté pour une fécondation *in vitro*, une FIV.

MAUD : Ce qui veut dire que la sexualité sera totalement dissociée de la reproduction ?

IRÈNE : Ce qui veut dire que la sexualité sera totalement dissociée de la reproduction ? N'est-ce pas déjà largement le cas, aujourd'hui, grâce à tous les moyens de contraception ?

MATHIEU : Vieillir, ne pas vieillir. Aujourd'hui ce sont les mâles qui meurent en premier. Il n'existe pas d'antibiotiques contre le goût du risque, ou la castagne. Pour la castration chimique, on laissera ça pour plus tard, quand les puritains, au bout de leur logique sans sexe, sinon sans peine, auront instauré la reproduction artificielle obligatoire. On te prend une bonne dose de paillettes à la puberté, et adieu génitoires.

IRÈNE : La vie est si courte.

MATHIEU : Quoi, on ne veut pas vieillir ? On veut se faire cloner ? On efface la bande et on recommence. Les mêmes gènes, la belle affaire ! Technique triviale, négation du sexe et de l'individuation. Comme une nouvelle forme de mort. Merci, une fois suffit ! Être un autre soi-même, génétique, sans histoire qui nous rattache à lui. Mais on est toujours un autre à venir. Mélangeons nos gènes, injectons-nous de la technique et en route pour le méta-sexe !

IRÈNE : Ce qui est certain, c'est que le corps humain évolue beaucoup moins vite que la société.

MAUD : Non, c'est la société qui évolue beaucoup plus vite que le corps humain.

MARIE : Donc, je me suis dit : « Si l'on a un gène *P53*, on risque de faire un cancer à 25 ans, si l'on en a deux à 65, donc, si l'on en avait quatre on le ferait à 130 ans, etc. » J'ai raconté ça à une équipe espagnole qui a effectivement « construit » des souris ayant trois et quatre gènes *P53*. Et ces souris ont l'air de bien résister au cancer et de n'avoir pas d'autres problèmes induits.

MARIE : Nous n'allons pas tout de suite réaliser le modeste projet consistant à « redessiner » l'humanité.

MAUD : Peut-on réellement imaginer une planète, déjà surpeuplée, dont les habitants s'obstineraient à ne pas mourir ?

MARIE : Mais la Terre n'est plus le centre du monde.

MAUD : Ne parlons pas du problème philosophique, mais je pose cette question : que faire de tous ces immortels ?

MARIE : On trouvera une solution, on enverra les centenaires sur une autre planète...

CLÉMENT : Je veux vivre intensément, mourir jeune, beau et glorieux.

IRÈNE : Achille ?

MARIE : Au secours !

CLÉMENT : Oui, Achille. Mourir jeune et glorieux, une tentation, non ?

IRÈNE : La brièveté de la vie fait son prix ; que la beauté soit éphémère ne trouble pas la joie qu'on y trouve.

MARIE : Vivre entre deux néants, d'où : religion, pouvoir, drogues. Religion et pouvoir, les deux premières causes de mortalité dans l'histoire d'une humanité en manque de sens.

MAUD : En manque ?

MARIE : Oui, en manque.

CLÉMENT : En manque.

MATHIEU : L'automne était venu.

MARIE : *Algeny and alchemy* : il s'agit toujours d'accélérer les processus naturels, un petit coup de pouce.

MAUD : Fabriquer du vivant, moi, je trouve ça plus fort que de faire de l'or.

JB : Alors tu l'écris, ce *Faust*.

MARC : Marguerite !

MARIE : Oui, le monde est à réenchanter.

JB : Alors tu m'écriras un second *Faust*.

MARC : Homunculus !

IRÈNE : *Es wird ein Mensch gemacht*.

MARIE : La nature n'est pas un grand livre à déchiffrer : c'est une bibliothèque.

CLÉMENT : L'homme transgénique ?

MARIE : La spécificité des espèces ?

CLÉMENT : Pur mysticisme.

CLÉMENT : Une vie pourrait être une quête d'expériences plutôt qu'une partie de cache-cache avec la mort. La mort ne t'oubliera pas, donc...

MATHIEU : La mort de Niels Lyhne !

IRÈNE : Si un jour les livres que j'aime viennent à disparaître, ou si un jour ils deviennent incompris de ceux qui viennent après nous, cela n'atteint en rien la jouissance qu'ils me donnent aujourd'hui.

IRÈNE : Une scène ?

CLÉMENT : NE PAS MOURIR, NE PAS SE REPRODUIRE, NE PAS NAÎTRE !

MATHIEU :

Par une triste journée de mars, il reçut une balle en pleine poitrine.

La balle avait traversé le poumon droit de Niels et n'était pas ressortie. À la guerre, on n'a pas le temps d'y mettre des formes : on lui dit sans préambule qu'il n'avait pas beaucoup de chances de vivre. Cela l'étonna, car il ne se sentait pas près de mourir.

Ainsi tout serait fini bientôt !

IRÈNE : Et alors ?

> — Un mot, Lyhne, lui dit Hjerrild : voulez-vous voir un prêtre ?
>
> — Je n'ai rien à faire avec des prêtres… pas plus que vous ! répondit Niels, en colère.
>
> — Il ne s'agit pas de moi, mais soyons francs : nous avons beau donner à nos convictions le nom qu'il nous plaira, nous ne parvenons jamais à bannir entièrement du ciel le dieu que notre imagination s'est trop souvent représenté là-

haut : Dieu est entré dans notre cerveau, au son des cantiques et des cloches, quand nous étions enfants.

Hjerrild sortit.

IRÈNE : Il entra dans sa chambre et resta longtemps à la fenêtre, à regarder les étoiles.

MATHIEU : Il murmura : « Si j'étais Dieu… je préférerais accorder le salut éternel à ceux qui meurent sans s'être convertis. »

Les souffrances de Niels augmentaient ; elles lui déchiraient la poitrine, elles devenaient intolérables. C'eût été une bonne chose, tout de même, d'avoir un Dieu à qui adresser des plaintes et des prières.

Le lendemain matin, il commença à délirer. Cela dura encore deux jours.

La dernière fois que Hjerrild alla voir Niels Lyhne, il le trouva qui divaguait ; lui parlait de son armure et disait qu'il voulait mourir debout.

IRÈNE : Et alors ?

Enfin il subit la mort, la mort difficile à mourir.

MAUD : Ah ! la vie, la mort, l'amour…

MARIE : *Liebe, Leben und Tod.*

MAUD : Le mieux serait de ne pas être né.

MARIE : Mais il est toujours trop tard quand on s'en aperçoit.

MAUD : Mourir ou ne pas mourir.

MARIE : Naître ou ne pas naître.

MAUD : Faut-il faire des hommes parfaits ?

MARC : Salopard, pourquoi tu m'as fait ?

TOUS : Je ne pouvais pas savoir que ça serait toi.

MARIE : J'attaque ma mère en justice pour m'avoir laissé naître.

MAUD : Et les procès pour vie inacceptable.

MARIE : Des dédommagements : je suis né trop petit dans un monde de grands.

MAUD : Docteur, regardez-le, il n'aurait jamais dû naître.

MARIE : Monsieur le Juge, regardez-moi, je n'aurais jamais dû naître.

MAUD : C'est un chef d'accusation un peu métaphysique, non ? Comment voulez-vous que je juge de la différence de valeur entre une vie estropiée et le vide absolu de la non-existence ?

MARIE : Le mieux encore est de ne pas être né…

MAUD : Qu'est-ce que tu en sais ? Que sais-tu de la mort ou du néant ?

MARC : Je veux mon histoire.

JB : Ton roman, tu veux dire.

CLÉMENT : Tu veux dire, ton roman.

JB : Ils continuèrent à parler de Sirius et d'autres étoiles,
De toutes ces bêtes, ces poissons, ces oiseaux,
Dont telles d'indiennes plantations,
Les savants ont peuplé les constellations.

Il lui demanda combien d'étoiles elle estimait visibles à ce moment. Elle fit le tour de la magnifique étendue de ciel que leur révélait leur position élevée sur la tour :

IRÈNE : « Oh ! des milliers, des centaines de milliers. »

JB : « Oh ! des milliers, des centaines de milliers, fit-elle distraite. »

« Il y en a environ trois mille, émit-il. Et maintenant, combien selon vous nous sont rendues visibles par un puissant télescope ? »

« Je ne peux pas le deviner. »

« Vingt millions. Si bien que, quelle que soit la raison de la création des étoiles, elles n'ont pas été créées pour charmer nos yeux. Il en est de même pour tout, rien n'a été fait pour l'homme. »

CLÉMENT : « Est-ce cette idée qui vous rend si triste à votre âge ? demanda-t-elle avec une sollicitude presque maternelle. Je crois que l'astronomie vous est une mauvaise étude, elle vous fait trop nettement sentir l'insignifiance humaine. »

IRÈNE (off) : une scène ?

ÉPILOGUE

« Il n'y a pas de normes. Tous les hommes sont des exceptions à une règle qui n'existe pas. Il nous faut partir de l'individu, même si nous devons ensuite l'abandonner. »

(Fernando Pessoa)

PREMIÈRE PROMENADE

Les jardins du Palais-Royal. Forcément.

MOI : Pourquoi je me suis mêlé de science ? Pour me faire des émotions. Oh ! vous ne croyez pas si bien rire.

LUI : Si on s'intéresse à la science, c'est en général, je ne dirais pas pour se faire une raison, mais mettre la raison de son côté.

MOI : C'était il y a une dizaine d'années. J'étais à un tournant de mon travail. Je me demandais même si j'allais continuer le théâtre, et pour des motifs dont je vous ferai grâce ce soir, je m'interrogeais sur la question de l'émotion au théâtre, aussi bien celle qu'est censée ressentir le spectateur que celle que fabrique le comédien.

LUI : Vous voulez dire que le comédien n'en ressent pas ?

MOI : Vaste débat que je ne me sens pas de force à reprendre à nouveaux frais après le *Paradoxe sur le comédien.*

LUI : Cela signifie que vous ne vous étiez pas posé la question avant ?

MOI : Honnêtement, assez peu. La fabrication m'intéressait plus que l'effet produit ou à produire. Le théâtre, je veux dire, le fait de faire du théâtre m'avait tiré de mon sommeil dogmatique et des impasses d'un théoricisme stérile et paresseux, très années 1970. Faire, c'est très différent de dire.

LUI : On n'a pas toujours dit ça.

MOI : Je vois ce que vous voulez... dire. Mais je persiste et signe : dire n'est pas faire (pas forcément) et faire peut aller sans dire. Enfin je ne veux pas pinailler là-dessus : j'avais choisi de faire du théâtre plutôt que tenir discours dessus. Voilà tout, et voilà à quoi je me suis toujours tenu depuis. Il est vrai aussi que ce questionnement, s'il est devenu plus présent ou pressant à l'époque dont je parle, c'est aussi parce que je voyais combien l'émotionnel, peut-être après la prétendue fin des idéologies, fin de l'histoire, fin de tout, avait envahi l'espace et la conscience publiques. C'était intéressant, parce que les médias fonctionnent massivement à la terreur et la pitié, les deux émotions cardinales tragiques, donc inventées par le théâtre.

LUI : Et le rire ?

MOI : Vous avez raison. Regardez TF1, vous voyez bien que le spectacle que la télévision dispense est là pour vous terroriser, vous faire prendre le monde en pitié, et vous faire rigoler le reste du temps. Et face à cette pathétique généralisée, mondialisée, je me demandais alors ce que pouvait le théâtre.

LUI : Et l'ennui, qu'est-ce que vous faites de l'ennui ? N'est-ce pas une émotion dont le théâtre a le secret ?

MOI : Je ne veux pas polémiquer, mais il y aurait beaucoup à dire sur l'ennui, qui est une émotion forte que provoque le théâtre, et qui, même par l'étymologie, se rattache, selon moi, à toute la tradition de haine du théâtre qui n'a cessé d'accompagner notre culture. Mais c'est une autre affaire. Ou peut-être pas, parce qu'il me paraît, ou paraissait en ce temps-là, que, bien souvent – ce que je dis est forcément schématique –, que l'émotion qu'était capable de produire le théâtre était exclusivement l'émotion de théâtre.

LUI : Je ne vois pas.

MOI : L'émotion au théâtre était devenue quasiment intransitive. Le théâtre n'avait plus la prétention que d'être sa propre émotion, double en fait : sous forme de la haine du théâtre, l'ennui ou de l'amour du théâtre.

LUI : Quoi ? De même que le médium est le message, le théâtre est l'émotion.

MOI : L'émotion, c'est ce qu'on éprouve par le fait d'être au théâtre. Une autre façon de dire : le théâtre est le théâtre.

LUI : Bref, vous voulez dire que c'est le théâtre qui est émouvant. Mais c'est de la nostalgie ! Le théâtre comme art du passé.

MOI : Pas si simple, je pense. Ça tient aussi à la force du théâtre, comme appareil, machine, instrument, architecture : au théâtre on voit d'abord la réalité du théâtre ; ça prime tout.

LUI : Le théâtre n'est plus un art illusionniste.

MOI : C'est juste.

LUI : Pour en revenir au début de notre conversation, vous avez mêlé de la science à votre théâtre pour chercher des émotions nouvelles ?

MOI : Pas tout à fait. Décidé à mener ma réflexion sur les émotions au théâtre et par le moyen du théâtre, je mis en œuvre un projet...

LUI : *Les Traités des passions.*

MOI : Oui.

LUI : Donc, rien d'étonnant que vous soyez tombé sur Descartes.

MOI : Oui, d'autant que je m'essayais à un geste cartésien : tout reprendre à zéro, pratiquer un doute méthodique, etc. En tout cas, le *Traité des passions* est aussi un grand livre sur le théâtre puisque Descartes nous conseille de trouver la bonne distance avec nos passions et d'en jouer comme fait le comédien qui représente la passion plus qu'il n'est dominé par elle. Il faut arriver à ça.

LUI : C'est paradoxal. L'émotion nous conditionne ; c'est la chimie, le cerveau qui commande. Difficile de régir ses émotions et/ou ses passions. Navré de ces lieux communs.

MOI : Descartes vous dira justement qu'on peut les traiter, les passions.

LUI : Et Racine, qu'elles sont intraitables.

MOI : Pour faire court, ce sont ces passions qui expliquent comment je suis tombé sur la *Biologie des passions*.

LUI : Et tombé dans la science.

MOI : Surtout, tombé sur Jean-Didier Vincent. Mon rapport à la science, ma façon de me mêler de science, n'a rien à voir avec un programme délibéré, un projet à accomplir, toutes affaires cessantes. En fait, j'ai été surpris. Ce fut un hasard plus qu'une nécessité.

LUI : Sous les passions, la science !

MOI : Avec cette précision : je ne mêle pas tant la science au théâtre que je ne mêle des scientifiques à mon travail. Cela ne signifie nullement que le théâtre gagne en science, ou deviendrait magiquement scientifique. Ce que je fais n'est en rien une pratique scientifique ; c'est du théâtre. Du coup on pourrait regretter comme Darwin, qui, dans une lettre que vous connaissez, déplore d'avoir laissé dépérir, au profit de la science, la partie de son cerveau sensible à la poésie ou à la musique, on pourrait donc symétriquement regretter l'atrophie du cerveau scientifique, chez un artiste, par simple manque d'exercice.

LUI : Est-ce seulement le manque d'exercice ?

MOI : Vous voulez parler de dons qu'on aurait ou qu'on n'aurait pas de manière innée ? A-t-on ou non la bosse des maths ? Qu'est-ce que j'en sais ? Il est certain que dans mon inclination pour la science entre une part de dépit, de frustration, de ressentiment.

LUI : Des passions tristes !

MOI : Je ne dis pas le contraire, mais des passions que je n'éprouvais pas dans le temps, l'esprit de finesse me suffisant sans doute. Maintenant je supporte plus difficilement d'être ainsi interdit de science (par mon fait ou par ma nature, qu'importe). Puisque après tout je suis un animal raisonnable, que le bon sens, c'est-à-dire la raison, est la chose du monde la mieux partagée, pourquoi tous ces pans de pensée humaine (donc de plaisir) me sont fermés ? Cela joue son rôle dans cette histoire ; l'idée d'aller y voir quand même, oui, il y a de ça.

LUI : Une revanche ?

MOI : Il y a de la *Schadenfreude* dans mon entreprise, je ne dis pas le contraire, l'idée de montrer la vanité de tout, même de la vérité. Mais je ne vais pas parler de mon nihilisme, je sais que vous n'aimez pas ça. Le théâtre, pour moi, serait peut-être la ruse de la littérature pour prendre sa revanche sur la science. J'aimerais considérer la science comme une branche de la littérature fantastique.

LUI : Facile, et sommaire ! Quand Borges dit que la philosophie est une branche de la littérature fantastique, cela sonne déjà moins faux.

MOI : D'accord. Je formule cela très mal, mais mon idée de derrière est peut-être de tout faire passer (ce dont je puis, en tout cas, m'emparer de la science) du côté de la littérature. C'est probablement nihiliste. Faire tout tomber dans le vide du plateau. Les grands transcendantaux sont morts, Dieu, la Nature, l'Histoire, le Sujet, mais la Vérité aussi, la Science aussi. En tout cas il ne faut pas faire de la science un nouveau transcendantal. Tout est fiction. Ou sujet à fiction.

LUI : Mais le rationalisme, vous n'allez pas brader le rationalisme. Qu'est-ce que vous en faites, du rationalisme ?

MOI : Calmez-vous. Il y a le côté grandiose de la Science avec S majuscule, l'aventure de la Raison, la quête de la Vérité qui m'impressionne ou qui m'effraye, qui est sans doute sublime, mais il y a l'autre côté, l'exercice d'humilité qu'est aussi l'activité scientifique et d'humiliation pour les présomptions arrogantes de la crédulité humaine. Votre rationalisme, je l'aime en tant qu'il remet l'homme à sa place. Je préfère que l'homme tente de se connaître ; je n'aime pas quand il croit ou, pire encore, se croit.

LUI : Mais la science peut elle-même devenir une croyance voire une transcendance.

MOI : Je ne suis pas positiviste, pas l'arrière-petit-fils de Comte.

LUI : Plutôt celui de Combes ?

MOI : Volontiers. Mais ce n'est peut-être pas la question. Pour revenir à notre propos, je veux simplement marquer que mon recours à la science (et je suis bien conscient du caractère bien trop massif de l'expression ; je devrais plutôt dire que j'appelle quelques bribes de science à mon secours, à ma rescousse pour pouvoir faire ce que j'ai à faire), ce n'est pas pour mettre, de manière exaltée, positive, la vérité de mon côté, c'est plutôt par modestie.

LUI : Je ne comprends pas.

MOI : Moi non plus, je ne comprends pas très bien. Plutôt que de modestie, je devrais parler de patience ; j'aime la patience de la science (je vois travailler mes amis scientifiques, comme on les appelle) et je déteste l'impatience de l'idéologie, de la croyance, des curés. Voilà.

LUI : La science, c'est la vérité, la marque de la noblesse de l'esprit et de la dignité de l'homme ?

MOI : Grands mots. Non, ce qui m'intéresse dans la science, c'est son caractère vexatoire.

LUI : Voilà Freud qui revient avec ses trois vexations infligées à l'orgueil humain : Galilée, Darwin (tiens, tiens), Freud lui-même ?

MOI : Oui, mais ça ne m'a pas conduit à Darwin d'un coup, ou du premier coup. Je vous parlais de la place de l'homme...

LUI : La place de l'homme dans la nature ! Plus que vers la science (ou du moins tout autant), ça vous embarque dans la métaphysique.

MOI : Je ne sais pas ce que vous voulez dire. Vous citiez les trois vexations : elles sont bien d'ordre scientifique.

LUI : Pour ce qui est de la troisième, on pourrait discuter.

MOI : Écoutez ; cette conversation a gentiment commencé. On ne parlera ni du pansexualisme chez les anges, ni de la question de savoir si la psychanalyse est une science. Souvenez-vous ; c'était un sujet de thèse, il y a une trentaine d'années ! Si vous êtes honnête, et vous êtes honnête, nous avons même, pendant une répétition de *Chimères en automne* que nous passions avec Peter Sloterdijk, décidé de remplacer la vexation freudienne, qui n'est peut-être pas si vexatoire que ça (mon inconscient et ses dégâts, ça me rend intéressant, etc.), par la vexation turingienne, celle que nous infligent les machines.

LUI : C'est vrai, nous ne l'avons pas volée, celle-là ; nous nous la sommes infligée nous-mêmes, parce que jusqu'à preuve du contraire, c'est nous qui les avons construites les machines, et si, d'une manière ou d'une autre, elles nous dépassent, c'est vexant, c'est vrai.

MOI : Sauf que c'est probablement ce que nous désirions. C'est une autre affaire, mais qui n'est peut-être pas si éloignée de notre conversation. Le désir technique, je ne sais pas si c'est l'oubli de l'être, comme dit l'autre, mais c'est notre tragique. Et de la même manière, cette « science » mêlée à mon théâtre n'a pas, si vous voulez bien me suivre, à voir avec je ne sais quelle épopée de la Vérité mais avec le tragique de la condition humaine. Je reconnais que c'est un peu...

LUI : Oh ! il faut que je rentre.

DEUXIÈME PROMENADE

LUI : Nous en étions arrivés à cette espèce de paradoxe, je simplifie, que la science dans votre théâtre…

MOI : J'ai déjà dit que parler de LA science me paraissait vraiment abusif.

LUI : Que des fragments de discours scientifiques, ça vous va ?

MOI : Non plus.

LUI : Tant pis. Que des fragments de discours scientifiques, donc, fournissaient l'aliment tragique de votre théâtre. Pourtant si on est un tant soit peu rationaliste, on tient plutôt que la science contribue à faire reculer le tragique, en jetant de la lumière sur les ténèbres et en faisant reculer l'obscurantisme. Ce qui n'est pas encore dans les prises de la raison, je vais y voir des forces obscures à l'œuvre, la fatalité, le destin, les dieux, que sais-je ?

MOI : Ah ! je reconnais bien là le marxiste que vous fûtes. Et futé, encore. Comme c'est loin, tout ça. En ce temps-là, la vision tragique était mal vue, un des effets-méfaits de l'idéologie dominante pour nous embobiner et nous maintenir dans la servitude. Après tout, cela a donné Brecht, dont le théâtre dialectique est le plus antitragique qui soit. Chez lui, c'est vrai, la science est une machine de guerre contre le tragique.

LUI : Et la science est le matérialisme historique…

MOI : Je dirais, MAIS sa science est le matérialisme historique. Dans notre évocation du passé, nous parlions tout à l'heure de la psychanalyse comme science, nous en sommes maintenant à la question de savoir si le matérialisme historique, alias le marxisme, en est ou était une. En tout cas, pour Brecht, faire un « théâtre de l'ère scientifique », comme il appelait ça, c'était utiliser la science de l'histoire qu'il croyait avoir à sa disposition, pour en finir avec une vision fataliste servant au bout du compte la domination de classe.

LUI : Curieusement, sa « science » l'a empêché de voir pas mal de choses.

MOI : Oui, j'ai même pu parler de déni du tragique chez lui. C'était même mon sujet de thèse que je me suis empressé de ne pas terminer.

LUI : Par sens du tragique.

MOI : Peut-être. On fait une thèse pour avoir un poste, une petite position dans l'institution ; faire une thèse sur le tragique suppose qu'on pense que le tragique a quand même ses limites, qu'il ne met pas en cause l'ambition modeste d'un intellectuel petit-bourgeois.

LUI : Vous avez préféré devenir un universitaire tragique.

MOI : C'est quoi ? Un universitaire sans thèse ? De même que j'étais un intellectuel sans mandat, je suis devenu ensuite un artiste sans message ni mission. On ne se refait pas. Rien dans les mains, rien dans les poches. Quand ce qui était, durant les années soixante-dix, l'armature de ma pensée, la dialectique, a commencé à se détraquer, que mon marxisme s'est lézardé (je n'étais pas le seul à qui c'est arrivé), quand j'ai renoué avec le désir de littérature...

LUI : Désir d'écrire ?

MOI : Oui, j'ai commencé à ruminer ce que je voulais être l'ouvrage de ma vie, un grand essai sur le tragique, une chose métissée mi-philosophique, mi-littéraire, je ne savais pas trop, *mi* mais *ni* aussi, ni philosophique ni littéraire. Une grande œuvre impossible.

LUI : Tellement impossible qu'elle n'a pas vu le jour.

MOI : Dans mes rares moments d'optimisme, je considère mon théâtre comme ce projet réalisé. Antithèse : dans mes périodes de détresse, je me dis que ce n'est qu'un ersatz de ce que je me devais d'écrire ; le théâtre comme drogue de substitution. Synthèse : le plus souvent, je me dis que ces spectacles sont comme les préparatifs de ce grand œuvre !

LUI : C'est vrai que vous êtes entré dans le théâtre, entré en théâtre, par cette voie du tragique avec cet essai sur Montaigne que vous avez réalisé avec Jean Jourdheuil.

MOI : *Le Rocher, la Lande, la Librairie.* Ce spectacle prétendait être une méditation sur le tragique, à partir d'une topologie tragique, si l'on peut dire : le rocher de Prométhée, la lande shakespearienne, la librairie de Montaigne. En fait, il n'est resté que Montaigne, le tragique philosophique du sage contre le tragique de la destruction du héros. De la librairie Montaigne, je ne suis plus jamais sorti.

LUI : Tout cela nous éloigne de la science dont nous avions décidé de parler.

MOI : Pas tant que ça. En gros, j'ai dit que je me servais de la science, non comme instrument de la gloire de l'esprit humain mais comme instrument de la vexation de l'arrogance humaine. Et ce besoin d'humilier l'homme, cette passion de l'humilité, c'est chez Montaigne que je les trouve.

LUI : La science comme exercice d'humilité.

MOI : L'humilité, pas l'orgueil. Mais accordez-moi que ça ne dit rien de la science ; ça n'est qu'une indication sur ma complexion, quelque chose comme ça.

LUI : Nous parlions l'autre fois de la place de l'homme dans la nature...

MOI : Pour nous autres, hommes modernes, c'est bien la science qui a mis l'homme à sa place. Dans les marges de l'univers...

LUI : On dirait du Monod.

MOI : Et animal parmi les animaux. Vous avez raison de parler de Jacques Monod. Au moment de sa publication, ce livre faillit me réveiller de mon sommeil dogmatique. Mais ce n'est que bien plus tard, au moment de mon « ouverture tragique », que j'entendis ses résonances en moi, résonances que je qualifiai de « beckettiennes ».

LUI : Les clochards de Beckett.

MOI : Monod nous compare à des Tziganes aux marges de l'univers. C'était un tragique, non pas « fin de partie », mais qui touchait plutôt aux commencements. La vie, puis la conscience comme ayant pu ne pas arriver. Pas seulement le « ça va finir, ça va finir encore », plutôt...

LUI : Ça aurait pu ne pas commencer ; il s'en est fallu d'un cheveu, etc.

MOI : Toute une thématique sur laquelle je m'aperçois bien que je varie depuis *Un Faust-histoire naturelle.* C'est ma façon de comprendre le hasard et la nécessité.

LUI : Le hasard est vexatoire ?

MOI : Je pense bien. Il est plus gratifiant de penser (de croire) qu'on a été créé par un dieu. Qu'il n'y ait pas de finalité dans la nature n'est pas non plus particulièrement réjouissant.

LUI : Nous y reviendrons à propos de Darwin. Diriez-vous que votre théâtre a à voir avec une vision désenchantée du monde, de la vie ?

MOI : Bien sûr. Je me méfie, je me suis toujours méfié de toute espèce d'enchantement. Une vision enchantée (ou enchanteresse ?) des choses éveille ou réveille toujours mon scepticisme ; je me défie des grands mots, des phraséologies, des déclamations, de ce qu'on appelle, peut-être, littérature.

LUI : Ce soupçon à l'égard de la littérature est étonnant dans votre bouche.

MOI : Pas du tout. La littérature pour moi doit tordre le cou aux grands mots, à l'emphase, à la boursouflure. Surtout ne pas grandiloquer. Tâcher de dire en moins de mots possibles, tenter d'être précis, pour regarder les choses en face.

LUI : Une précision scientifique ?

MOI : Je viens de dire qu'il ne faut pas abuser ou mésuser des mots. Pour qu'ils aient du poids, il faut d'abord peser ses mots. Plutôt que scientifique, ce serait, encore une fois, plutôt beckettien.

LUI : Donc tragique.

MOI : Éviter le *words words words.* Des mots qui tendent vers le silence. Une asymptote. Mais je trouve mes spectacles encore bien trop bavards. Tout mon travail consiste pourtant dans le retranchement des mots. Il faut toujours que j'enlève. Quand la *partition 0* est constituée, celle qui est offerte aux comédiens au premier jour des répétitions, il s'agit alors de chercher dedans ce qui est vraiment nécessaire, convenable au spectacle, et éliminer tout le reste. J'ai souvent le sentiment qu'il en reste encore trop. Nous sommes dans le tâtonnement, les essais, devant la question de savoir si on dit ceci ou cela, ou si on ne le dit pas.

LUI : Ce geste de la soustraction est un geste curieux. Un texte en général se constitue à partir de rien, et les mots s'ajoutent aux mots. Ici c'est le contraire.

MOI : C'est comme s'il y avait toujours trop de mots. Mettre fin au hasard. Enfin, il s'agit de trouver les mots nécessaires, ceux avec lesquels on peut concerner les comédiens ici, dans cette scénographie, dans ce milieu, et maintenant, dans le présent du spectacle, pendant le temps qu'il va durer. Trouver les motifs, les mots qui motivent, mettent en mouvement.

LUI : Cela nous éloigne de la science.

MOI : Non, pas vraiment. Cela permet de parler d'un autre aspect de celle-ci, de sa fonction dans ce théâtre. C'est aussi qu'au théâtre (surtout celui-ci) le comédien est la mesure de toute chose. Son corps est un filtre, mais aussi son jeu, le jeu qui lui est possible dans les circonstances du spectacle : c'est le comédien qui va décider (pas tout seul, ce n'est pas ce que je veux dire) de ce qui passe ou ne passe pas de la science.

LUI : Ce n'est pas vous qui décidez avec votre coauteur scientifique ?

MOI : Pas vraiment. Nous avons couché nos idées, nos textes, ce à quoi nous tenons sur le papier de la *partition 0* sans qu'on puisse préjuger de ce qui parviendra à vivre théâtralement. C'est le moment du plateau, du travail sur le plateau, qui est le moment décisif, c'est-à-dire celui de la décision.

LUI : C'est le théâtre qui décide, donc, de ce qu'il garde de la science ?

MOI : Si vous voulez. Et cette décision n'est pas hiérarchique, hiérarchisée par l'importance, l'intérêt objectif, cognitif, comme il s'agit de la science. L'invention théâtrale, l'imagination théâtrale (j'emploie moi aussi de grands mots) choisit l'importance relative des éléments et peut sélectionner quelque chose qui peut paraître tout à fait subalterne au regard d'un fait ou d'un énoncé primordiaux.

LUI : Là, vous abordez un nouveau registre : ce n'est plus la science au service du tragique, d'une vision tragique de l'homme, de l'existence…

MOI : De tout ce que vous voudrez. Puisque nous employons pour l'instant ce mot de décider, j'insiste là-dessus que ce n'est pas la science qui décide, la partition des « auteurs » qui dispose. Les auteurs proposent du texte (je dis du texte plutôt qu'un texte, vous avez compris pourquoi) dans lequel il y a de la science (voyez comme ma formulation reste vague), et le théâtre (metteur en scène et comédiens) dispose. Notez que ce n'est pas incompatible avec la question du tragique qui est ici un préalable. Mais au bout du compte, pour faire spectacle, tout est affaire de mouvement, tout est réglé par un mouvement, celui des comédiens.

LUI : C'est ce qui fait que ça bouge.

MOI : Oui, ce théâtre est un peu vadrouilleur. D'abord parce qu'il va faire un tour dans des contrées un peu exotiques pour lui, notamment ces contrées scientifiques dont nous parlons.

LUI : Vous savez que dans le mot de vadrouille, il y a l'idée de débauche.

MOI : Je vois qu'en vous le philologue n'est pas mort. L'idée de livrer le théâtre à la débauche ne me déplaît pas.

LUI : La vadrouille, c'est une sorte de pute.

MOI : Restons-en là, je vous en prie. J'aime autant l'idée de balade ; on va voir du pays, mais en flânant, pas tout à fait sérieusement, par jeu.

LUI : Baladeur ou baladeuse. C'est une jolie idée, j'allais dire lumineuse que celle de la baladeuse. Un théâtre de la baladeuse…

MOI : La baladeuse vaut bien la *servante*. Mais l'image du baladeur ne me déplaît pas non plus : on écoute quelque chose, de la musique, en faisant autre chose, en se baladant, c'est-à-dire en ayant le regard ailleurs. C'est souvent la situation (matéphorique) dans laquelle se trouve mon spectateur : écouter une chose en en voyant une autre. L'œil et l'oreille disjoints.

LUI : Nous parlions de votre acteur, de vos acteurs.

MOI : C'est vrai. Et c'est vrai pour eux aussi. Ils ont à se balader dans une *terra incognita* ; mais ce n'est pas une exploration violente ; ça tient de la flânerie, une balade qui n'exclut pas le tragique, au contraire.

LUI : J'ai cru que vous alliez dire que ce tragique n'exclut pas le comique.

MOI : Le comique des idées, certainement. Il est quand même important de ne pas prendre tout au sérieux. Tout prendre au tragique, d'accord, mais pas au sérieux. Le tragique est une affaire trop sérieuse pour la confier aux gens sérieux.

LUI : Vous ne voulez pas nous familiariser avec la science.

MOI : LA science ! Qu'est-ce que je vous ai dit ? Non, il ne s'agit pas de créer une familiarité : conserver, entretenir l'étrangeté mais, d'une certaine manière, de l'intérieur. Il faut s'immiscer dans de la science.

LUI : Dans « de la science » et non pas dans la science, j'ai compris ; c'est joliment dit.

MOI : Il faut être un invité dans tel secteur de la science, une espèce de visiteur du soir (le théâtre est une activité nocturne et se pratique dans le noir). On s'invite dans la biologie moléculaire, on joue les immigrés. Et on s'invite dans la discipline mais pas pour faire des études ou se recycler, c'est plutôt pour rire ou pour jouer, de manière indisciplinée.

LUI : C'est-à-dire pour faire du théâtre ?

MOI : On ne saurait mieux dire. La science ne m'intéresse...

LUI : LA science, c'est vous qui l'avez dit !

MOI : ... que comme prétexte ou moyen de faire du théâtre. Si je ne faisais pas de théâtre, peut-être que je ne lirais aucun ouvrage scientifique, peut-être que je n'aurais pas d'amis scientifiques, et ainsi de suite. Peut-être. Si je ne faisais pas de théâtre, il est probable que je ne me serais pas intéressé à Turing ou à Darwin. Du reste quand je ne faisais pas de théâtre, je ne connaissais pas l'un et n'avait pratiquement pas lu l'autre.

LUI : D'accord, c'est pour faire du théâtre, mais aussi pour ne pas faire du théâtre.

MOI : Faire ou ne pas faire... Mais si, c'est toujours pour faire du théâtre, mais pas n'importe quel théâtre, pas celui des autres, le mien, même si c'est un peu prétentieux de dire les choses aussi brutalement. Certaines fois, je me dis que je fais tous ces détours par des contrées scientifiques uniquement pour éviter de faire du théâtre psychologique ou un théâtre mimétique de la « vie ». Pour ce qui me concerne, je trouve que ça vaut le détour ; l'imitation, vraiment, je ne peux pas. Et le personnage avec sa psychologie, vraiment ça me dégoûte. Le caractère ! C'est Artaud qui a dit, entre autres choses, qu'il ne voyait pas pourquoi le théâtre aurait vocation à être obsédé par la psychologie ; je connais même la phrase par cœur : « Qui a dit que le théâtre était fait pour élucider un caractère, pour la solution de conflits d'ordre humain et passionnel, d'ordre actuel et psychologique » ? Oui, qui l'a dit ?

LUI : Mais il est très tard !

TROISIÈME PROMENADE

LUI : Je repensais à ce que vous disiez de votre usage de – j'ose le dire – la science ; ne trouvez-vous pas qu'il y a quelque chose de malhonnête dans votre attitude ou du moins d'un peu désinvolte ?

MOI : Vous trouvez que je tire la couverture à moi parce que je fais mon petit théâtre (comme on dit petit bout de chemin) et que je ne prétends pas élever un monument à la gloire de la science et de la vérité (mettez des majuscules) parce que mon théâtre n'est évidemment pas scientifique, même pas vulgarisateur. On pourrait au contraire trouver honnête qu'un homme de théâtre fasse du théâtre et ne prétende à rien d'autre, quelles que soient les matières premières qu'il utilise. Mais que j'aie dit que je me moquais de la vérité (dans tous les sens de l'expression) choque l'honnête homme que vous êtes.

LUI : J'ai peur que vous ne risquiez de rester dans l'à-peu-près, l'approximatif ?

MOI : L'art n'est pas une science exacte ; et ça ne me gêne pas d'être approximatif. Ce peut être une manière d'approcher quelque chose. Si vous préférez, et si vous m'obligez à me justifier (mais je ne cherche pas d'excuses), je ne suis pas un tricheur, peut-être un peu faiseur (de théâtre), c'est tout. Si je m'intéresse à la pensée mathématique de Turing, si je tente de comprendre avec mes faibles moyens ce que c'est que la machine de Turing, ce n'est pas pour mon édification ou celle de mon spectateur, c'est pour que l'imagination s'empare d'elle ; c'est pour être affecté par cette pensée, pas pour la penser vraiment, cognitivement.

LUI : L'art doit être affecté par la science ?

MOI : Littéralement et dans tous les sens, oui. J'aime assez les connotations un peu spinozistes de cette affectation/affection.

LUI : C'est un peu général.

MOI : Je ne crois pas. Il s'agit très concrètement d'affecter le corps du comédien avec ou par ce discours, voir comment il répond. Au bout du compte, il n'y a pas de malhonnêteté (de toute façon je n'aime pas beaucoup ce registre moral), s'il n'y a pas de malentendu ou de tromperie sur la marchandise.

LUI : Justement, il n'y a pas de malentendu avec l'homme de science, nommément Prochiantz, qui est un homme de vérité ?

MOI : Homme de vérité ! Je ne crois pas qu'il apprécierait cette définition. Autant que la vérité, c'est le nouveau qu'il cherche. Ce cliché de l'homme de science passionné par la recherche de la vérité ne lui va pas si bien que ça. Certes, il cherche à établir des vérités, partielles, caduques, etc., mais je le vois tout autant dévoré par la curiosité pour le nouveau, attiré par le risque qu'il y a à chercher du nouveau, dans le doute et l'angoisse de se tromper.

LUI : Plus proche de l'artiste en cela que du scientifique monstre de froideur logique et qui vit dans l'aridité de la pensée logique.

MOI : Je pense que le scientifique, celui qui m'intrigue en tout cas, a le sang chaud. Je pense que le moment intéressant dans la démarche scientifique n'est pas tant le moment de l'établissement de la vérité et sa publication dans *Nature*, non pas tant le moment où l'on démontre ce qui est, que celui où on imagine ce qui peut être, quand on invente une manip à faire, quand on a l'imagination, l'intuition de la manip à faire. Là est le risque, le moment où l'on s'aventure, le : *c'est là qu'il faut sauter*.

LUI : Comme fait l'artiste lorsqu'il se lance dans une aventure ?

MOI : Peut-être, mais il faut se méfier des démons de l'analogie. Si je fréquente, pour mon travail, des scientifiques, si j'essaie d'en prendre quelques graines, c'est plus la différence, l'étrangeté qui m'importent que certaines et vagues similitudes d'attitudes. Les affinités se nourrissent plutôt des différences.

LUI : Vous ne seriez pas d'accord pour dire que le grand scientifique doit être aussi un peu poète...

MOI : Ça veut dire quoi, un peu ?

LUI : Être poète, et l'artiste, de son côté, doit être un homme de connaissance, de savoir.

MOI : D'accord, mais c'est un lieu commun diplomatique pour soirées interdisciplinaires, pour bavardages académiques et autres colloques universitaires sur les rapports de la science et de l'art.

LUI : Vous avez quelque chose contre ?

MOI : Sans aucun doute ; mais ce n'est pas le moment de gâcher cette conversation. Je vous rappelle qu'avec Prochiantz (mais c'est vrai aussi des autres amis avec qui je fais du théâtre) nous ne nous contentons pas de bavasser, mais que nous faisons, fabriquons quelque chose ensemble. Sur les rapports entre la science et l'art, je n'ai pas d'idées particulières, j'ai les opinions de tout le monde, et ça ne m'avance guère. Ces rapports-là nous tentons de les prouver en faisant quelque chose, comme on prouve le mouvement en marchant. Cette preuve à fournir peut être une épreuve aussi bien.

LUI : Oui, mais faire faire du théâtre à un scientifique...

MOI : Je vous arrête tout de suite. Nous n'avons jamais dit que le savant venait faire du théâtre, pas plus que cette activité était comme une récréation, un passe-temps, le repos pour le scientifique, comme il y a le repos du guerrier, que l'art divertirait de ses arides pensées. Je crois que Prochiantz a toujours été clair là-dessus : il vient au théâtre pour travailler, et le travail pour lui ne saurait être que le travail scientifique. Il juge simplement que ce déplacement est salutaire pour sa recherche, que l'on pense différemment dans un théâtre que dans un laboratoire, devant des comédiens que devant des chercheurs. Changement d'allure.

LUI : Vous croyez qu'il pense vraiment dans ces occasions-là, quand il est obligé d'expliquer des choses complexes à des profanes qui n'y entendent rien ?

MOI : Qu'en savez-vous ? Il y a entendre et entendre. Il n'est pas là pour nous recycler, et de même que l'homme de science n'est pas censé faire du théâtre au sens strict de l'expression, les comédiens ne sont pas là pour faire de la science ou ce qui serait pire encore, faire semblant. Mais c'est quand on sent qu'il pense pour lui-même que le scientifique est le plus utile pour nous, c'est là qu'il devient contagieux.

LUI : C'est une opération magique ?

MOI : Ne vous moquez pas. Vous voulez dire que cette communication est bien peu rationnelle ; notez bien que je ne parle pas de communication d'inconscient à inconscient, mais peut-être la raison a ses raisons que le cœur ne connaît pas. Non, simplement, il peut se passer des choses dont on a l'intuition sans qu'il vaille la peine de les formuler autrement. Ça n'a rien de magique. Jc vous rappelle seulement la phrase de Picasso que j'avais mise en exergue de mon « cahier informe » pour *La Génisse et le pythagoricien*, quelque chose comme : quand je lis un livre sur Einstein auquel je ne comprends rien, je sais que je pourrai en faire quelque chose.

LUI : N'est-ce pas un peu facile ?

MOI : Qu'avez-vous contre la facilité ? Encore une fois, l'important est de ne pas se tromper sur ce que l'on fait. Je n'ai jamais dit que j'essayais de mettre la science de mon côté ; je vais du côté des scientifiques, ce n'est pas la même chose. Je ne prétends pas que la vérité scientifique éclaire mon travail. La science ne pose pas seulement le problème des vérités qu'elle fabrique, mais aussi celui du destin qu'elle nous prépare. Il faut être aveugle pour ne pas voir que les savants ne se sont pas contentés de comprendre le monde mais qu'ils l'ont transformé.

LUI : Pour le meilleur et pour le pire.

MOI : Possible. N'empêche qu'ils nous ont mis dedans. Ma seule question : comment vivre là-dedans, comment s'orienter ? Pour tâcher d'y répondre, je n'ai d'autre moyen que mon théâtre, puisque désormais c'est par lui que j'existe, c'est à travers lui que je m'exprime. J'essaye par exemple de faire réagir mon théâtre à la biologie contemporaine ; ce n'est pas une démarche explicative. C'est simplement un théâtre qui fourre son nez là-dedans et qui renifle ce qu'il peut. Oui, qui tente de réagir, qui cherche à savoir ce qu'il peut faire de ou avec toutes ces informations dont il est bombardé.

LUI : N'est-ce pas un peu fantaisiste ? Je ne vois toujours pas très bien où est la rigueur de cette entreprise.

MOI : Le mot de fantaisie n'est pas pour me déplaire. Pourquoi opposez-vous rigueur et fantaisie ? Ce mot dit bien que c'est de l'imagination et de son travail ou de son jeu qu'il s'agit. Mais en art, ce jeu est rigoureux, le produit d'un travail. C'est ma rigueur formelle (que certaines fois vous n'étiez pas loin de me reprocher) qui répond à votre objection. Au flou de l'approche des sciences, flou que je ne saurais éviter à cause des conditions difficiles de cette approche, je réponds par la rigueur artistique. La rigueur est théâtrale, tant il est vrai aussi que le théâtre ne peut donner que du théâtre...

LUI : Ah ! je vous prends en flagrant délit de contradiction. N'avez-vous pas souvent dénoncé la tautologie postmoderne « le théâtre, c'est le théâtre », comme « les affaires sont les affaires » pour dire que vous faisiez du théâtre justement parce que vous ne savez pas ce qu'est le théâtre, et maintenant vous affirmez que le théâtre ne saurait être que le théâtre.

MOI : Cela n'a rien à voir. Ce n'est pas une tautologie, c'est une évidence. Je suis en train de vous dire que ce que je fais ne peut être que du théâtre ; ça veut dire que ce n'est pas de la science, pas de la politique, pas de la philosophie, que sais-je, pas de la religion, pas du journalisme. Ou même, pas un autre art. Donc, je ne fais que du théâtre (c'est bien le mot), même si ce théâtre s'expose un peu, s'il est « exposé » à la science, ou à la musique ou à l'image. Cela ne signifie aucunement que je sais, en commençant ou *a priori* ce que c'est que LE théâtre. Au contraire. Même si je mélange ce genre (le théâtre), je ne pratique pas le mélange des genres. J'insiste : je ne fais que ce que je fais : du théâtre.

LUI : Mais le scientifique, Prochiantz en l'occurrence, lui, mélange les genres en venant faire du théâtre.

MOI : Je ne crois pas. Je ne crois pas qu'il vienne faire du théâtre, quel que soit son intérêt pour cet art. Je ne crois pas que ce soit un esprit éclectique ou un esprit touche-à-tout. Je suis persuadé qu'il ne s'intéresse qu'à cela, qu'il ne fait que ça, de la science. Mais je vous l'ai déjà dit.

LUI : Comme vous qui ne faites que du théâtre ?

MOI : Oui ; bon qu'à ça. En fait, nous ne dialoguons pas ; nous entrecroisons nos monologues, chacun cherchant sans doute à profiter de l'autre. Si l'image n'était pas un peu ridicule, si l'on considère seulement nos deux personnes, je dirais que nous avons besoin l'un de l'autre pour nos propres petites affaires comme l'orchidée a besoin de l'abeille.

LUI : C'est le bouquet, si je puis dire ! Quel tableau ! Je vous vois tous les deux ; qui est l'abeille, lequel est l'orchidée ?

MOI : Décidez vous-même, et riez tant qu'il vous plaira. Je tiens à cette fable.

LUI : Cette abeille et cette orchidée vont peut-être nous permettre de parler de Darwin dont nous n'avons pas encore parlé.

MOI : Encore un détour pourtant, et après, c'est promis, nous discuterons de Charles. Depuis pas mal de temps, j'ai dans la tête une espèce d'image que je ne parviens pas à vous communiquer. Cela a trait à votre première question, touchant la science. J'ai le sentiment que ce qui serait le plus adéquat pour rendre compte de cette liaison, un petit peu dangereuse, avec la science, l'image la plus juste serait celle de paysage. La science ou certaines de ses régions sont pour moi comme un paysage

LUI : Dans lequel vous évoluez ?

MOI : J'aime bien ce mot. Mais la question n'est pas si simple. Est-ce que j'évolue dans le paysage ou est-ce que je le regarde ?

LUI : Vous pouvez aussi le peindre ou le photographier. Donc être devant.

MOI : Vous avez raison. Et je ne sais trop quoi répondre. Depuis un moment, j'ai envie de vous dire : la science est un paysage.

LUI : Et je me débrouille avec ça ?

MOI : Pourquoi pas. La science, comme paysage. Paysage théâtral.

LUI : « Votre âme est un paysage choisi... »

MOI : Verlaine.

LUI : Oui, Verlaine.

MOI : Mais je n'ai pas envie de répondre à votre question, à moins que je n'en sois tout simplement pas capable. Je suis à la fois devant et dedans ; c'est un spectacle et c'est aussi un site. C'est aussi que je veux mettre mon théâtre dans ce paysage-là (c'est un dépaysement, mais peut-être il fait bien dans le paysage). Je ne peux le dire : j'ai l'impression de vivre dans des paysages.

LUI : Comment ça, vivre dans un paysage ?

MOI : Je reconnais que c'est un peu confus. Quand je prépare un spectacle, je suis dans le paysage ; je me balade dedans, comme je vous le disais l'autre fois. C'est quand je fabrique le spectacle que je sors du paysage, comme pour le regarder, et m'en détourner aussi puisque je ne peux pas voir un spectacle de moi. Mais la citation de Verlaine m'inspire une remarque : c'est que ces paysages sont des « choses mentales ».

LUI : C'est quoi un paysage mental ? un univers intérieur ?

MOI : L'expression d'univers intérieur sent sa subjectivité, son for intérieur. Alors que mon paysage a quelque chose d'objectif ; il se fabrique à coups de sollicitations extérieures ; c'est vraiment difficile à dire.

LUI : Ne pourrait-on pas parler de domaine ?

MOI : Un scientifique travaille dans un domaine. Il manipule des objets qui sont dans ce domaine. On pourrait parler de champ, comme de domaine de compétence. Mais mon paysage ne renvoie à aucune compétence ; je n'ai aucune compétence en rien (la seule compétence que je me reconnaisse et que je tente d'améliorer, c'est ma compétence linguistique du français ; c'est peu de chose).

LUI : Vous êtes un touriste, en somme.

MOI : Ce n'est pas très gentil ; vous savez que je n'aime pas ce mot et que je n'apprécie pas beaucoup cette manière de voyager, même si le démocrate en moi, le kantien si vous voulez, respecte cette espèce d'institution. Mais c'est vrai que l'idée de domaine renvoie à l'idée de propriété, de droits qu'on a sur ce domaine. En ce sens mon théâtre n'a aucun droit sur les paysages scientifiques qu'il visite ; appelez ça tourisme si vous voulez. L'important, c'est de ne pas être chez soi.

LUI : Vous êtes en train de dire une fois de plus que, propriété ou pas, ce n'est pas la connaissance qui vous intéresse, mais la jouissance. Un paysage, ça ne se connaît pas, ça se peint, ça se photographie.

MOI : Une jouissance, soit. On cherche l'émotion. C'est sûr que le peintre n'a pas le même rapport au paysage que le géomètre, le géologue, le géographe ou le promoteur.

LUI : Alors, qu'est-ce que l'art ? Qu'est-ce qu'une vision artiste ?

MOI : Pourquoi artiste, et pas esthétique ?

LUI : Justement, j'ai hésité.

MOI : Je préfère aussi cette formulation. Artiste dans un paysage scientifique...

LUI : On dirait un titre à la Chaval.

MOI : Ma vie d'artiste : d'un paysage l'autre. C'est vrai que je suis passé des paysages de la Renaissance à des paysages plus scientifiques. Entrée dans le paysage renaissant par Montaigne, sortie par...

LUI : De Montaigne, vous n'êtes jamais sorti.

MOI : Disons que je ne m'en sors pas. Le paysage comme essai ?

LUI : C'est-à-dire comme miroir.

MOI : Peut-être que c'est soi-même qu'on regarde dans le paysage. Là, c'est trop difficile pour moi, mais le but de l'opération n'est pas de se connaître soi-même. Je ne me connais que trop ; je me fuis aussi dans mes paysages. Je voulais simplement dire que j'ai quitté la Renaissance, mon paysage de prédilection dans les années 1980, pour des paysages plus scientifiques, si cela a un sens.

LUI : C'est quoi, au bout du compte, un paysage ? Une bibliothèque imaginaire, comme on dit musée imaginaire ?

MOI : C'est quelque chose de composite, mentalement. Il y a des livres que je désire lire, des textes déjà lus, des souvenirs, des images aussi, des visages, des paysages.

LUI : Il y a des paysages dans les paysages !

MOI : Ne vous moquez pas. Ces paysages mentaux, abstraits si vous voulez où évolue mon imagination, des paysages-images peuvent bien sûr y entrer.

LUI : Bien sûr...

MOI : Je prends un exemple : j'ai vécu des années dans un paysage turingien.

LUI : Turingien ?

MOI : D'Alan Turing.

LUI : 1912-1954.

MOI : Oui, 1912-1954. Eh bien, un paysage turingien se composait de sous-marins de la Deuxième Guerre mondiale, d'une prairie près de Cambridge, de machines quasi-ordinateurs que j'ai du mal à imaginer parce qu'elles ne sont qu'imaginaires ou abstraites : c'est beaucoup de livres sur l'Intelligence Artificielle, une bicyclette, *Tess d'Urberville* de Thomas Hardy. C'est inépuisable. Ce n'est pas une liste finie : il n'y a pas de raton laveur à la fin. Un paysage se compose de tout ce qui entre dedans. C'est plus profond qu'il n'y paraît.

LUI : Ah ? Il faut que je me sauve.

QUATRIÈME PROMENADE

MOI : Pourquoi Darwin ? Vous aimez les questions franches et massives.

LUI : L'autre fois, les orchidées nous ont fait frôler le sujet, mais vous vous êtes esquivé. Vous n'avez pas envie de parler de Darwin ?

MOI : Au contraire. Mais je répondrai plus facilement au comment qu'au pourquoi. Darwin n'a pas fait son entrée dans notre théâtre parce que la théorie de l'évolution est à la mode ; cela a peut-être joué, mais à notre insu. C'est vrai qu'il y a une actualité de l'évolution ; il n'y a qu'à voir les revues, les ouvrages qui y sont consacrés, et même des téléfilms. Nous n'avons pas sélectionné Darwin parce qu'il est incontournable, comme on dit, quand on s'intéresse au vivant, mais nous cherchions comment « répondre » à Ovide. Au grand poète des formes du vivant, il fallait répondre avec un autre grand inventeur de formes.

LUI : Darwin est dans l'air du temps, c'est vrai, mais pas si souvent sur les plateaux de théâtre.

MOI : Mais nous ne cherchions pas à réparer cet oubli. Nous étions en plein dans nos histoires naturelles, et cherchions quoi lire pour continuer notre *Traité des formes*.

LUI : Histoire naturelle ? Vous considérez les *Métamorphoses* comme un livre d'histoire naturelle. Ovide prend quand même quelques libertés avec les lois de la nature.

MOI : C'est bien la raison pour laquelle j'étais curieux de voir comment un biologiste du développement comme Prochiantz se dépatouillerait d'un tel texte. Mais c'est vrai que je considère cette poésie comme de l'histoire naturelle ; ce n'est pas des sciences naturelles, c'est sûr, mais ces *Métamorphoses* sont porteuses d'une connaissance à la fois de l'homme et de la nature. La même idée sous une autre forme : nous qui vivons « dans » la biologie moléculaire, que pouvons-nous faire de ou avec ce texte poétique ?

LUI : Vous pensiez que ces connaissances nouvelles sur le vivant pouvaient en fait réactiver une nouvelle lecture du texte d'Ovide ?

MOI : Pourquoi pas ? Mais je parlais de connaissance de la nature chez Ovide : si vous êtes un lecteur assidu d'Ovide, vous ne pouvez pas ne pas regarder la nature comme un ensemble de signes ; tout est signe, tout est signifiant, c'est ce que je voulais dire : chaque génisse est une jeune fille, une araignée est une artiste, un rocher et sa source sont une mère en pleurs, etc.

LUI : Histoire naturelle ! Dites plutôt que chez Ovide tout est plutôt humanisé ; je ne sais pas si c'est de l'anthropomorphisme, mais ça y ressemble. Vous lisez un grand livre de la nature...

MOI : Vous lisez dans le grand livre de la nature, et chaque objet de cette nature, araignée, hirondelle, singe raconte quelque chose d'humain.

LUI : La métamorphose est le passage violent, vexatoire, vous diriez, de l'humain à l'animal ou au végétal ; un retour à la nature.

MOI : Oui, c'est vexatoire, ce retour à la nature est une punition ; la nature met l'homme (l'humain) en pénitence, mais en même temps, et curieusement, c'est le contraire du désenchantement ; ça poétise la nature, de manière tragique, mais il y a la forme, vous vous faites avoir, vous êtes sous le charme : le végétal, le minéral, l'animal racontent quelque chose de l'homme. Histoire fabuleuse de la nature ou histoire naturelle fabuleuse. C'est ça, l'art. La forme.

LUI : La nature enchantée.

MOI : Chantée, simplement. C'est le *carmen* poétique ; le charme d'Ovide.

LUI : Mais Darwin ?

MOI : Ah ! oui, Darwin. Il est entré aisément dans notre paysage.

LUI : Voir plus haut.

MOI : Oui, voir plus haut. Et s'il est facilement entré dans le paysage, ce n'est pas seulement à cause de sa science, mais, pour ce qui me concerne du moins, parce que je me suis fait avoir à la lecture. Il y avait bien eu l'idée de mettre le Savant en face du Poète, mais on se rendait compte, d'abord, que le poète était aussi un homme de savoir (il y a un savoir d'Ovide, lisez-le, vous apprendrez quelque chose, c'est indéniable), mais que le savant était aussi un écrivain.

LUI : Chez Darwin, ce n'est pas l'humain qui retourne à l'animal ; c'est le contraire. Comment l'homme descend de l'animal.

MOI : Ou monte depuis lui. Quelque chose d'animal devient humain, fascinant, non ? Quelle littérature !

LUI : Fascinant, certes, mais ce coup-ci nous sommes en plein désenchantement. En pleine prose.

MOI : Voire. Il y a désenchantement parce qu'il y a vexation, ou l'inverse. Que l'homme ne puisse plus être considéré comme une créature d'origine divine, ça en flanque un coup au moral.

LUI : Et à la poésie.

MOI : Je ne suis pas sûr que la théorie de l'évolution soit dépourvue de poésie, que dire que nous avons un babouin pour grand-père soit purement et simplement de la prose. Notre animalité est-elle simplement prosaïque ? J'éviterais une réponse hâtive. Hegel disait que les Romains avaient inventé la prose du monde parce qu'ils avaient inventé le droit, les lois. Darwin, ce serait la prose de la nature parce qu'il en découvre les lois ? N'y a-t-il pas de prose poétique ? C'est du reste à l'époque de Darwin qu'on s'en rend compte.

LUI : Nous parlions de chant, à l'instant. À ma connaissance personne n'a vraiment chanté l'évolution, et vous m'accorderez que la Création a eu une fortune poétique plus grande. À commencer par la *Bible* elle-même.

MOI : Je vous accorde ce point si vous me concédez, provisoirement, que l'œuvre de Darwin est une grande œuvre d'imagination. Pour voir ce que Darwin a vu dans la nature, il fallait être visionnaire.

LUI : Lui disait : spéculateur, et c'est plutôt sa théorie scientifique et le fait qu'elle soit encore valide qui me retiennent.

MOI : Un exploit, entre parenthèses, que cette « validité » comme vous dites. Il n'y a pas beaucoup de théories qui durent aussi longtemps. Plus de 150 ans, ce n'est pas rien. Ça doit aller avec le côté visionnaire.

LUI : Ce n'est pas rien, en effet. Mais va pour l'imagination ; j'ajouterais même que quand on lit ou relit *L'Origine*, ou le récit de voyage à bord du *Beagle* ou les textes autobiographiques, ce que j'ai fait parce que vous me bassiniez avec Darwin, on est obligé de reconnaître qu'on a affaire à de la littérature.

MOI : De la grande prose anglaise du XIXe siècle.

LUI : De la prose réaliste. De celle qui a la passion du réel. D'accord.

MOI : C'est bien ce qui anime Darwin, cette curiosité passionnée pour la nature. La nature comme passion intellectuelle.

LUI : Et comme toute passion, elle détruit. Il ira jusqu'au bout de cette passion, de manière intrépide, et au bout du chemin, il y a le Diable.

MOI : Le Diable, c'est d'avoir un babouin pour grand-père.

LUI : Exactement.

MOI : Là, il y a un drame de la pensée. Cela commence dans l'enchantement – mon dieu, que la nature est belle ! –, et elle est d'autant plus belle qu'elle doit obéir à des lois, et au dernier acte, il y a le babouin et, pire encore, une nature sans finalité, l'insignifiance des choses.

LUI : Ce n'est pas dramatique, c'est tragique.

MOI : Qu'est-ce que je vous disais, l'autre fois !

LUI : Que Darwin soit l'écrivain tragique moderne, je suis prêt à accepter l'hypothèse. Cela n'explique pas pour autant le peu de ce que vous appeliez la « fortune poétique » de cette pensée.

MOI : Le tragique désormais est en prose. Ou alors avoir un babouin pour ancêtre ne pousse pas à la poésie. Nous sommes du reste partis de là dans notre travail : nous descendons du singe (je simplifie), qu'est-ce qu'on fait de ça ? Il n'est pas facile de discuter avec un singe. Il n'a rien à nous dire, et semble se foutre de sa descendance. Comme grand Autre, on fait mieux. Dieu au moins, on peut s'adresser à lui ; il nous connaît bien puisqu'il nous a faits ; lui seul peut nous réparer.

LUI : La traduction philosophique de ce que vous dites, c'est Heidegger posant la question : peut-on méditer en regardant un singe ?

MOI : J'ai proposé aux comédiens d'improviser là-dessus : vous avez un babouin pour grand-père, allez-y !

LUI : Vous aviez quel matériau ?

MOI : Le problème, c'est qu'il y a très peu de textes littéraires qui traitent de ce devenir humain de l'animal (ou d'un animal). Le devenir animal de l'homme a plus de succès.

LUI : Avec Ovide par exemple.

MOI : Mais l'hominisation, ce n'est pas facile à...

LUI : Il y a quand même toute la littérature philosophique et anthropologique là-dessus, de Lévi-Strauss aux néo-darwiniens, de Leroi-Gourhan à Bernard Stiegler...

MOI : Je ne dis pas que, ce jour-là, dans mon théâtre, j'ai été le premier à me poser la question du passage de la nature à la culture, je dis seulement qu'il y a, littérairement, peu de fables à trouver sur ce passage de l'animal à l'homme, alors qu'il y a embarras du choix, dans les différentes cultures, de textes religieux ou cosmogoniques racontant l'origine exceptionnelle de l'homme.

LUI : Nous voici reconduits à la question de tout à l'heure sur la fortune ou plutôt l'infortune poétique de l'évolution, pourtant un des rares, sinon le seul, grands récits qui nous restent. Il paraît que tous les grands récits de la Modernité ont fait faillite. Celui-ci tient le coup.

MOI : Il y a pourtant un texte, et fameux, qui raconte ce passage du singe à l'homme ou cette « issue » pour le singe de devenir un humain, c'est *Le Rapport pour une Académie* de Kafka, le seul texte non anthropomorphique...

LUI : Non anthropocentré...

MOI : Si vous voulez, puisqu'il est écrit du point du vue du singe qui fait le voyage, c'est le cas de le dire.

LUI : Vous vous êtes servis de ce texte ?

MOI : Nous sommes entrés en matière avec lui ; oui, il a permis une entrée, mais nous avons sauté en marche. Après cela a passablement dérivé. Mais nous tenions notre thème, du préhumain à l'humain, et nous pouvions nous mettre à varier dessus. D'où l'idée, la fantaisie, de bricoler un singe en le trafiquant un peu génétiquement (*FOXP2*) pour le faire parler.

LUI : Bricolage inquiétant ?

MOI : Excitant, vous voulez dire. Il parlerait, le singe, et il dirait quoi ? Il serait un animal parlant sans s'être vraiment redressé, sans outillage et avec son cerveau de singe !

LUI : Et il dirait quoi, selon vous ?

MOI : Je ne sais pas. Il ferait un rapport pour une Académie. Ce qu'il fait dans notre spectacle.

LUI : Une fantaisie génétique.

MOI : Qui vaut ce qu'elle vaut et que n'apprécieraient pas les comités d'éthique. Mais du moins cela nous a permis de nous ouvrir à cette imagination de l'animal que nous fûmes. C'est vraiment difficile.

LUI : À un moment, vous faites dire à un comédien qu'il faut aller chercher le singe en soi.

MOI : C'est une belle idée, celle que le comédien a une bête en lui, et qu'aller la chercher fait partie de son travail, de son art. Mais je me demande si la bête qui est en lui est la même que celle dont nous venons, dont nous descendons ; je n'en suis pas sûr. Il y a sans doute un rapport particulier de la bête de scène avec l'animal, mais cet animal n'est pas nécessairement notre ancêtre commun avec le babouin. Et à trop chercher le babouin en soi, il y a le risque de ne faire que le singer.

LUI : On retombe dans l'imitation.

MOI : Dans de la représentation. Ça ne m'intéresse pas trop. Et puis la difficulté est peut-être autre : au commencement, je cherchais à savoir comment le théâtre, avec ses moyens propres...

LUI : J'ai remarqué que quand vous parlez du théâtre, vous aimez bien lui coller cette expression : « avec ses moyens propres » sans qu'on sache très bien de quoi il retourne.

MOI : Vous en avez bien une petite idée, non ? Donc, comment le théâtre pourrait s'emparer de cette question généalogique (le babouin pour ancêtre), voilà ce qui m'importait, et d'où je partais. Je n'étais pas certain pour autant que c'était un exercice physique,

LUI : C'est-à-dire ?

MOI : Que la clé du problème était le corps du comédien. Je suis assez opposé à ce lieu commun que notre animalité serait logée dans notre corps. Bien sûr, mon corps est animal, mais mon animalité ne s'arrête pas là ; si j'ose dire, elle nous monte ou nous est montée à la tête, au cerveau. L'imagination, comme faculté, ça m'intéresse autant que le corps comme bidoche, je parle de l'effet de mon animalité sur ou dans mon cerveau. L'animalité, c'est autant les mots pour la dire que des gesticulations pour l'exprimer.

LUI : Voilà pourquoi vous n'êtes pas chorégraphe !

MOI : Voilà pourquoi le corps du comédien de théâtre n'est pas muet.

LUI : En effet, le corps du comédien est un corps très particulier.

MOI : Oui, assez peu animal, si on y réfléchit, assez peu physiologique ; c'est un corps-signe, un semblant de corps, une pure présence, une abstraction. Mais c'est une autre affaire. Donc je disais que je pensais tout autant toucher le spectateur en traversant le texte de Kafka qu'en recherchant le simiesque dans le corps du ou des comédiens. De plus, si, par mon corps, j'appartiens présentement et sans conteste au règne animal, cela ne traite pas forcément le problème de ma filiation, le problème non d'être un animal, mais de ne plus l'être (tout à fait), ne serait-ce que parce que je sais que je suis un animal. Être et ne pas être un animal, comme dit Prochiantz.

LUI : Vous voulez dire que ce passage de l'animal à l'humain échappe à la représentation ?

MOI : Il est difficilement représentable, surtout au théâtre. Sans doute nos ordinateurs peuvent simuler la chose. Il y a déjà des produits dérivés des téléfilms à succès, avec caution scientifique. On croit qu'il suffit de voir pour comprendre ou connaître, pour se représenter ; pour moi, ça tue l'imagination, c'est-à-dire le fantasme.

LUI : Curieux quand même, un théâtre qui se défie du corps.

MOI : Du discours sur le corps, de l'idéologie du corps. Le corps, au théâtre, comme dans tout art, est *cosa mentale*. Sa présence est *cosa mentale*. Je laisse la présence réelle aux curés.

LUI : Et basta.

MOI : Oui. Mais pour autant, je ne me défie pas du corps. Qu'est-ce que cela voudrait dire, du reste ? On ne peut s'en défier puisqu'on ne peut s'en défaire. Mon théâtre n'est intéressé que par le corps, mais un corps confronté à la parole, à la pensée. Mon théâtre est intéressé par les embarras du corps et de la pensée. Comment le corps donne de quoi s'occuper à la pensée, et inversement.

LUI : Une formule d'Alan Turing.

MOI : Turing ! Quel théâtre chez lui que celui des rapports de la pensée et du corps.

LUI : Et le corps de Darwin ? Assez curieusement, dans *Les Chimères en automne*, une fois faite cette entrée en matière sur notre ancêtre le babouin, c'est surtout de Darwin qu'il s'agit, et de son corps.

MOI : C'est vrai que le corps de Darwin, ce corps malade, ce corps d'hypocondriaque est l'objet de ce premier spectacle. En revanche, dans le second, dans *Les Variations Darwin*, le personnage Darwin et son corps passeront vraiment à l'arrière-plan.

LUI : N'êtes-vous pas tombé dans le piège de la psychologie que vous dénoncez à l'envi ?

MOI : On ne sait jamais, mais je ne crois pas. Nous n'avons pas fait la psychologie de Darwin, nous avons étudié chez lui les rapports du corps et de l'esprit, les effets de la pensée sur le corps. Je vous fais quand même une confidence : j'ai eu la tentation d'écrire une vraie pièce et d'abandonner ma façon de faire traditionnelle.

LUI : Vraiment ?

MOI : Non, pas vraiment, mais quand même. Nous avons parlé du peu de fortune poétique de l'évolution ; parallèlement, j'ai été frappé par le fait que Darwin a peu inspiré les artistes, les écrivains, les dramaturges.

LUI : Je me souviens du film de Greenaway.

MOI : C'est presque une exception. Mais il n'a pas eu son Brecht comme Galilée.

LUI : Voulant écrire cette pièce, c'était votre ambition ?

MOI : Vous mettez à mal ma modestie.

LUI : Peut-être n'y a-t-il pas matière à grand drame, voire à tragédie dans le destin de Darwin. Il n'a sans doute pas l'étoffe des héros. De ceux dont on montre sur scène la destruction.

MOI : Il est à l'origine d'une des plus grandes révolutions non seulement scientifiques mais culturelles qui aient jamais été. La vraie mort de Dieu, c'est lui, et ce n'est pas rien.

LUI : Mais le deuxième vexateur, celui qui vient après Galilée, n'a pas le même sort. Il n'a pas l'Inquisition face à lui, et on ne lui montre pas les instruments de torture.

MOI : Le choc est quand même violent ; l'Église prend mal les choses et aussi l'opinion publique.

LUI : Mais il ne s'en tire pas mal. Funérailles nationales à Westminster, ce n'est pas le bûcher ! Et on ne venait pas trop l'embêter dans son manoir de Down.

MOI : Nous ne sommes plus au XVIe siècle ; on ne peut pas arrêter comme ça le mouvement de la science.

LUI : Et l'idéologie dominante victorienne, le capitalisme anglais en pleine forme a très vite compris le parti qu'il pouvait tirer de la lutte pour la vie et de la sélection.

MOI : Soit, mais reconnaissez en même temps qu'il n'a pas trempé là-dedans et a tout de suite insisté sur le fait que la sélection naturelle, ce n'était bon que pour les bêtes.

LUI : Je la connais cette ritournelle : Darwin n'était pas darwinien...

MOI : Social, darwinien social.

LUI : Pas darwinien social, Marx n'était pas marxiste, et Jésus pas jésuite. Quand même, on ne peut pas toujours exonérer le penseur des effets de sa pensée.

MOI : Ne gâtons pas cette promenade. J'en étais à la pièce que finalement je n'ai pas écrite.

LUI : Comment je n'ai pas écrit certaines de mes pièces.

MOI : Non. Comment je n'ai écrit aucune de mes pièces. Sans blague, Darwin n'était pas un personnage dramatique facile. Bien sûr, il y a l'épisode du voyage du jeune aventurier sur le *Beagle :* l'apprentissage du monde et de la science aussi, cette formidable curiosité du jeune homme.

LUI : Il y a de très belles pages sur la passion de la science, écrites au contact de la nature luxuriante d'Amérique du Sud.

MOI : Il y a encore l'enchantement de la nature, la passion de connaître, de comprendre, comme jouissance ; moments heureux. Darwin n'a pas encore vu le Diable, comme nous le disions tout à l'heure. Au commencement, la vérité est encore innocente. C'est après que cela se gâte.

LUI : Mais même quand cela se sera gâté, comme vous dites, quand il aura désenchanté la nature, même quand, à la fin, il se penchera, avec pas mal d'humilité, sur les vers de terre, sa passion de la vérité, je n'ai pas d'autre mot, sera intacte.

MOI : C'est même elle qui lui aura fait assumer les risques de ce désenchantement. Car elle est là, l'énigme darwinienne : comment a-t-il fait, par quoi était-il mû pour aller jusqu'au bout, et tout braver, ne l'oublions pas, même s'il n'a pas été brûlé. À commencer par le regard de sa femme, une Unitarienne stricte, et qu'il aimait, j'en suis certain, qu'il ne voulait pas blesser.

LUI : De quoi nourrir votre pièce : un drame psychologique, et conjugal, avec ça.

MOI : Merci bien. Et je ne pense pas qu'il y a eu drame conjugal. Reste que la vie de Darwin, après le *Beagle*, et malgré l'épisode comico-hamlétique (« se marier ou ne pas se marier ») assez cocasse dans son genre, il y a la vie d'un honnête bourgeois victorien qui fait une dizaine d'enfants à sa femme, tout en travaillant silencieusement et confortablement à sa révolution...

LUI : En ayant l'air d'en redouter lui-même les effets. Il envoie les copains au front et reste plutôt planqué dans son manoir de Down.

MOI : Oui, puisqu'il est sans cesse malade. C'est là qu'on retrouve son corps. Un corps à l'épreuve de la pensée. Son Inquisition, c'est son estomac. Les vérités qu'il met au jour sont dures à avaler. Le corps de Darwin a du mal à s'adapter à la théorie de l'évolution !

LUI : Vous teniez le conflit pour votre drame.

MOI : Sauf que ce n'est pas très spectaculaire. Freud l'a dit...

LUI : Et tout ce que dit Fr...

MOI : Ça va. Freud montre bien que le malade n'est pas un bon héros pour une œuvre dramatique, parce qu'on a du mal à s'identifier à lui. Ou alors, précise-t-il, il faut que le spectateur soit aussi un névrosé.

LUI : Ça fait du monde. De quoi remplir votre guignol.

MOI : Pour en revenir à Darwin, j'aime bien cette idée : une pensée qui brûle l'estomac.

LUI : À votre avis ? Qu'est-ce qui le brûlait ? La vérité ou la culpabilité ?

MOI : Décidez.

LUI : Au fait, pourquoi avez-vous renoncé à l'écrire, cette pièce ?

MOI : Pas bon à ça. Et aussi le goût de la vérité.

LUI : C'est contagieux.

MOI : Non, mais je ne me voyais pas broder, imaginer dans le sens le plus désastreux du terme, alors que Darwin avait probablement tout dit, et que je devais faire droit à sa parole et pas à mes pauvres conjectures. Je ne voulais pas inventer un personnage. J'abandonnai mon projet de pièce pour laisser la parole à

Darwin lui-même. Mon expérience de théâtre a alors consisté à faire passer ses mots dans d'autres corps que le sien, pour les rendre sensibles, j'allais dire douloureux. Paradoxe du théâtre : les mots de la souffrance qui passent dans des corps qui ne souffrent pas vraiment. Ça nous ramène à notre conversation de tout à l'heure sur le corps. J'avais à faire vivre ce formidable matériau fourni par Darwin lui-même, pas besoin d'inventer. Et j'avais l'outil, les comédiens. L'art naît du matériau et de l'outil, de la lutte du matériau et de l'outil.

LUI : On dirait du Dubuffet.

MOI : C'en est. Et de cette lutte naît la forme. Ça, c'est presque de moi.

LUI : C'est quand même étrange. Vous parlez de Darwin en son manoir de Down. Et quand je vous écoute, j'ai le sentiment que vous ne le voyez ni ne l'imaginez là-bas, que vous êtes incapable de le faire vivre ou revivre. Vexateur pour vexateur, on vous sent incapable de « créer » un Darwin comme Brecht a donné un Galilée, le sien, certes, mais qui a sa teneur d'humanité, pas plus que de faire un *Scénario Darwin* comme Sartre a pu faire avec Freud.

MOI : C'est que je ne suis ni Brecht ni Sartre. Vous ne le saviez pas ? C'est un grand regret, croyez-le bien. Mais son *Freud,* ce n'est pas non plus ce que Sartre a fait de meilleur. Ma tentative est autre, et elle n'a rien de démiurgique ; elle est cette advenue sur le théâtre d'un certain matériau. Il y a cette friction de l'outil et du matériau ; un point c'est tout. Moi, je n'invente rien. Soit Darwin malade : au théâtre, on peut demander à un comédien (qui devrait ressembler à Darwin, barbe blanche, face à mi-chemin de Moïse et du singe) d'essayer d'être un hypocondriaque plausible, vraisemblable.

LUI : Je vous vois faire la grimace.

MOI : Oui, je n'aime pas trop les imitateurs.

LUI : Il faut faire un autre métier.

MOI : Merci ; on me l'a déjà dit. Oui, je trouve la basse imitation répugnante, et il m'importe peu qu'un comédien trouve son compte à se prendre provisoirement pour un autre. Cela me laisse de marbre. En revanche, faire passer les paroles de quelqu'un dans le corps (non réaliste, je dis ça pour aller vite) d'un autre ou de plusieurs autres, opérer cette translation, voilà qui m'intéresse et voilà où je me sens au plus près du théâtre. Là, il y a des effets de langage, des effets de corps, voire des effets de sens.

LUI : Ne vous emportez pas.

MOI : Si un comédien dit « j'ai mal à l'estomac » en ayant l'air d'avoir mal à l'estomac, je trouve ça piteux. Mais s'il trouve autre chose que cette piètre imitation, alors je peux comprendre ce que c'est que le mal d'estomac. Il faut faire connaître quelque chose, pas le faire reconnaître. La tête du type qui a mal à l'estomac, je la connais, je n'ai qu'à me regarder dans la glace.

LUI : Vous êtes en plein « art poétique » ; il est tard, et il va falloir rentrer. C'est que je vais au théâtre ce soir.

MOI : Voir quoi ?

LUI : J'aime autant ne pas vous le dire.

MOI : Comme vous voudrez. Mais ne croyez pas qu'il n'y a que l'ulcère ou les maux de dents ou les rhumatismes ou toutes ses inventions psychosomatiques qui m'ont retenu chez Darwin. Non, je peux vous dire, maintenant que j'ai fait ces spectacles, ce que j'y cherchais sans le savoir en commençant. De l'estomac nous sommes remontés au cerveau. Au commencement de notre vadrouille, il y avait ce babouin diabolique ; ce babouin a pas mal porté sur l'estomac de Darwin. À l'arrivée, c'est sur le cerveau de l'homme que nous sommes tombés, cette merveille, cette monstruosité. *Les Variations Darwin* jouent avec cette proposition : le Diable, c'est d'avoir un cerveau trop gros. Le vrai tragique, c'est ces cm^3 en trop. Qu'est-ce qu'on fait avec ce truc agonique, cet organe qui a évolué bien au-delà des nécessités adaptatives ? *La Descendance de l'homme* est consacré à ce miracle de l'évolution, le cerveau de l'homme ou, si vous préférez, est consacré à la démonstation que ce n'est pas un miracle.

LUI : Darwin a pourtant dit – du reste, vous le citez – que le cerveau de la fourmi lui paraissait encore plus prodigieux que celui de l'homme.

MOI : Question de miniaturisation. Le cerveau de la fourmi est miniaturisé et pas démesuré, donc pas hypertélique, idéal en somme. C'est au sujet du cerveau de l'homme que Darwin est au summum de la vexation. Songez qu'il n'a pas recours à Dieu pour rendre compte de ce volume supérieur. Et vous savez quel est l'instrument de la vexation ? C'est son chien : il y a une différence de degré entre l'intelligence du chien et la mienne, mais pas une différence de nature.

LUI : Vous aimez bien le chien de Darwin.

MOI : Je suis tombé en arrêt dessus. Et il a accompagné fidèlement notre traversée darwinienne, traversée théâtrale.

LUI : Par les moyens propres du théâtre, oui.

MOI : Les moyens de notre théâtre ; un autre aurait pu...

LUI : Cette traversée...

MOI : On pourrait dire navigation, non à cause du *Beagle*, mais de celle de l'internaute.

LUI : Après la vadrouille, après la balade, la navigation maintenant. J'espère que ce n'est pas du cabotage.

MOI : Ni du cabotinage. Dans ce déplacement (appelons ça comme ça), on fait des rencontres, on tombe sur des objets sensibles dont on a l'intuition qu'on va en faire quelque chose. Depuis ma rencontre avec Alan Turing, nos spectacles poursuivent leur petite spéculation sur le cerveau de l'homme : machine/pas machine, connaissable/pas connaissable par lui-même, etc. Le cerveau humain comme LA question délicate posée à la théorie de l'évolution. Il y a de quoi faire.

LUI : Mais le chien ?

MOI : *Les Variations Darwin* sont un spectacle qui tourne autour de deux livres que Darwin présente lui-même comme liés : *La Descendance de l'homme* et *L'Expression des sentiments.* En travaillant ces deux textes, je voulais être attentif à la manière dont Darwin s'y prenait pour apporter la preuve de la continuité entre le cerveau des animaux et le cerveau humain, passage crucial, admirable, mystérieux. Je me posais cette question : pourquoi Darwin ne cane-t-il pas ?

LUI : Il ne cane pas grâce au chien ?

MOI : Vous ne croyez pas si bien dire.

LUI : Turing se demandait si les machines pouvaient penser, Darwin nous dirait que les chiens pensent ?

MOI : Vous avez vu notre spectacle. Le chien, pour ce qu'il a à faire, raisonne aussi bien qu'un philosophe. C'est Darwin qui le dit : vexation, vexation, vexation. L'homme, un singe inabouti et un chien un peu amélioré ; il n'y a pas de quoi pavoiser.

LUI : Du cynisme ? Il y a du cynisme chez Darwin ? Ce chien...

MOI : Je vous laisse le soin d'en décider. N'oublions pas non plus qu'il y a le côté bien pensant progressiste chez Darwin qui tempère ce cynisme éventuel. Il n'a cessé de considérer l'évolution comme un progrès : de l'animalité vers l'humanité, de la sauvagerie vers la civilisation, de l'obscurité vers la lumière. Il pense même que l'homme peut continuer à évoluer.

LUI : Pas vous ?

MOI : Si. L'homme continue d'évoluer mais pas naturellement, techniquement. Et ce n'est pas nécessairement un progrès. Notre cerveau est trop gros mais ça ne suffit pas encore ; on va essayer de le bricoler pour améliorer les performances.

LUI : Améliorer ?

MOI : Améliorer les performances, pour le meilleur ou pour le pire. Ultimes effets de la volonté et du désir technique. Ici nous abordons des zones dangereuses : pour la première fois l'homme a les moyens de continuer l'évolution par ses propres moyens : il peut se transformer lui-même, trafiquer l'espèce : nos variations nous ont conduits au bord de ces gouffres. Plus que jamais, la technique est notre destin. Nous parlions l'autre fois de tragique, nous y voici : à l'époque des machines, la lutte pour la vie semblera une comédie, et la sélection naturelle une farce.

LUI : Bon, je vous quitte, j'ai à faire.

GÉNÉRIQUE DES SPECTACLES

Des chimères en automne ou l'impromptu de Chaillot
(Traité des formes 2)

Spectacle de Jean-François Peyret et Alain Prochiantz
Mise en scène : Jean-François Peyret

Avec :
Jacques Bonnaffé
Lucie Vallon
Clément Victor

Scénographie : Nicky Rieti
Costumes : Thibaut Fack
Création musicale : Alexandros Markeas
Lumières : Bruno Goubert
Création web : Agnès de Cayeux
Assistante mise en scène : Stéphanie Cléau
Dramaturgie : Anne Monfort

Production : Théâtre National de Chaillot, tf2-Cie Jean-François Peyret, avec la participation artistique du JTN.

Ce spectacle a été créé au Studio du Théâtre National de Chaillot et représenté du 20 novembre au 20 décembre 2003.

Les Variations Darwin
(Traité des formes 3)

Spectacle de Jean-François Peyret et Alain Prochiantz
Mise en scène : Jean-François Peyret

Avec :
Mathieu Amalric
Marc Bodnar
Irène Jacob
Maud Le Grévellec
Marie Payen
Jean-Baptiste Verquin
Clément Victor

Scénographie : Nicky Rieti
Costumes : Cissou Winling
Création musicale : Alexandros Markeas
Réalisation informatique musicale : Alexis Baskind, Benoît Meudic
Dispositif électro-acoustique : Thierry Coduys, Elsa Biston
Lumières : Bruno Goubert
Création web : Agnès de Cayeux
Assistante à la mise en scène : Stéphanie Cléau
Dramaturgie : Marion Stoufflet
Productrice : Claire Béjanin

Production : Théâtre National de Chaillot, Théâtre National de Strasbourg, tf2-Cie Jean-François Peyret, avec la participation artistique du JTN et le soutien de l'Ircam-Centre Pompidou et de Ars nova, avec le concours du Dicream.

Ce spectacle a été créé au Théâtre National de Chaillot le 18 novembre 2004.

BIBLIOGRAPHIE

ARTHUR W : *The Origin of Animal Body Plans*, Cambridge University Press, 2000 (1re éd. 1997).

BACH-Y-RITA P, KERCEL SW : *Sensory substitution and the human-machine interface*, Trends in Cognitive Sciences, 2003, 7, 541-546.

BERGSON H : *L'Évolution créatrice*, Presses Universitaires de France, Paris, 1941.

BERNARD C : *Principes de médecine expérimentale*, Presses Universitaires de France, Paris, 1947.

BERNARD C : *Leçons sur les phénomènes de la vie communs aux animaux et aux végétaux*, Vrin, Paris, 1966.

BOSSI L : *Histoire naturelle de l'âme*, Presses Universitaires de France, Paris, 2003.

BOWLBY J : *Charles Darwin. Une nouvelle biographie*, Presses Universitaires de France, Paris, 1995.

BRECHT B : *La Vie de Galilée, Théâtre Complet 4*, L'Arche, Paris, 1975.

BRILLOUIN L : *Vie, matière et observation*, Albin Michel, Paris, 1959.

BUTLER S : *Ainsi va toute chair*, Gallimard, Folio, Paris, 2004.

BUTLER S : *Erewhon*, Gallimard, Paris, 1920.

CÉLINE L-F : *Entretiens avec le professeur Y*, Gallimard, Paris, 1955.

DAMASIO AR : *L'Erreur de Descartes*, Odile Jacob, Paris, 1995.

D'ARCY THOMPSON W : *On Growth and Form*, Cambridge University Press et Macmillan Company, Cambridge et New york, 1942 (1re éd. 1917).

DARWIN C : *The Origin of Species*, John Murray, Londres, 1859.

DARWIN C : *The Expression of the Emotions in Man and Animals*, The University of Chicago Press, Chicago et Londres, 1965.

DARWIN C : *Voyage of the Beagle*, Penguin Books, 1989.

DARWIN C : *Autobiographies*, Penguin Books, 2002.

DARWIN C : *Descent of Man*, Princeton University Press, 1981 (1re éd. J. Murray 1871).

DARWIN C : « A Biographical Sketch of an Infant », *Mind*, 1877, 7, 285-294.

DARWIN F : *La Vie et correspondance de Charles Darwin*, Alfred Costes, 1922.

DAWKINS R : *The Selfish Gene*, Oxford University Press, Oxford, New York, 1989 (1re éd 1976), *Le Gène égoïste*, Odile Jacob, Paris, 1996.

DAWKINS R : *The Extended Phenotype*, Oxford University Press, Oxford, New York, 1999 (1re éd. 1982).

DE BEER G : *Embryos and ancestors*, Clarendon Press, Oxford, 1958 (1re éd. 1940).

DESMOND A, MOORE J : *Darwin*, Penguin Books, 1992.

DIDEROT D : « Lettre sur les aveugles à l'usage de ceux qui voient », *in Œuvres complètes*, tome 2, Club Français du Livre, Paris, 1969.

EDELMAN GM : *Neural Darwinism. The Theory of Neuronal Group Selection*, Basic Books Inc., New York, 1987.

EDELMAN GM, TONONI G : *Comment la matière devient conscience*, Odile Jacob, Paris, 2000 (1re éd. 1999, Basic Books).

GEHRING W : *La Drosophile aux yeux rouges*, Odile Jacob, Paris, 1999 (1re éd. 1998, Yale University).

GOLDSCHMIDT R : *The Material Basis of Evolution*, Yale University Press, New Haven et Londres, 1982 (1re éd. 1940).

GOULD SJ : *Ontogeny and Phylogeny*, The Belknap press of Harvard University Press, Cambridge, Mass. et Londres, 1977.

HAECKEL E : *Histoire de la création des êtres organisés d'après les lois naturelles*, C. Reiwald et Cie, Paris, 1874.

HARDY T : *À la lumière des étoiles*, Flammarion, Paris, 1987.

HODGES A : *Alan Turing ; the Enigma of Intelligence*, Burnett Books Ltd in association with the Hutchinson Publishing group, Londres, 1983.

HODGES A : *Alan Turing ; a Natural Philosopher*, Phoenix, 1997.

HODGES A : *Turing*, Routledge, New York, 1999 (1re éd. 1997).

JACOB F : *La Logique du vivant*, Gallimard, Paris, 1970.

JACOB F : « L'évolution sans projet », *Le Darwinisme aujourd'hui*, Le Seuil, Paris, 1979.

JACOBSEN JP : *Niels Lyhne*, Stock, Paris, 1928.

KAFKA F : « Ein Bericht für eine Akademie » *in Erzählungen*, Fischer, Francfort, 1976.

LAMARCK J-B : *Recherches sur l'organisation des corps vivants*, Fayard, Paris, 1986 (1re éd. Maillard, Paris, 1802).

LAMARCK J-B : *Philosophie zoologique*, GF-Flammarion, Paris, 1994.

LE DOUARIN N : *Des chimères, des clones et des gènes*, Odile Jacob, Paris, 2000.

LEIRIS M : *L'Âge d'homme*, Gallimard, Paris, 1939.

MONOD J : *Le Hasard et la Nécessité*, Le Seuil, Paris, 1970.

MORGAN TH : *Embryology and Genetics*, Columbia University Press, New York, 1934.

NICOLELIS MA : « Actions from Thoughts », *Nature*, 2001, 409, 403-402.

NIETZSCHE F : *Œuvres*, Robert Laffont, Paris, 1993.

PÄABO S : « The Mosaic that is our Genome », *Nature*, 2003, 421, 409-412.

PEYRET JF : *Trois Traités des passions*, Théâtre typographique, Paris, 1997.

PEYRET JF, PROCHIANTZ A : *La Génisse et le pythagoricien*, Odile Jacob, Paris, 2002.

PEYRET JF, VINCENT JD : *Un Faust. Histoire naturelle*, Odile Jacob, Paris, 2000.

PHILLIPS A : *La Mort qui fait aimer la vie*, Payot, Paris, 2000.

PORTUGAL FH, COHEN JS : *A Century of DNA. A History of the Structure and Function of the Genetic Substance*, The MIT Press, Cambridge, Mass. et Londres, 1978.

PROCHIANTZ A : *Les Stratégies de l'embryon*, Presses Universitaires de France, Paris, 1988.

PROCHIANTZ A : *Claude Bernard, la révolution physiologique*, Presses Universitaires de France, Paris, 1990.

PROCHIANTZ A : *La Biologie dans le boudoir*, Odile Jacob, Paris, 1995.

PROCHIANTZ A : *Les Anatomies de la pensée*, Odile Jacob, Paris, 1997.

PROCHIANTZ A : *Machine-Esprit*, Odile Jacob, Paris, 2001.

SLOTERDIJK P : *La Domestication de l'Être*, Mille et une nuits, Paris, 2000.

SLOTERDIJK P : *Essai d'intoxication volontaire* suivi de *L'Heure du crime et le temps de l'œuvre d'art*, Hachette littérature, Paris, 2001.

TAINE H : « Note sur l'acquisition du langage chez les enfants et dans l'espèce humaine », *Revue philosophique*, 1876, 1, 5-23.

THOM R : *Modèles mathématiques de la morphogenèse*, Union Générale d'Édition, Paris, 1974.

TURING AM : « Systems of logic based on ordinals », *Proc. Lond. Math. Soc.*, 1939, 45 : 161-228.

TURING AM : « Computing machinery and intelligence », *Mind*, 1950, 59 : 433-460.

TURING A : « The chemical basis of morphogenesis », *Phil Trans B*, 1952, 273 : 37-72.

TURING A, WARDLAW C : « A diffusion reaction theory of morphogenesis in plants », *in Collected works of A. M. Turing.*, P. T. Saunders, Amsterdam, 1953 : 37-47.

VINCENT JD : *La Biologie des passions*, Odile Jacob, Paris, 1980.

VINCENT JD : *Le Cœur des autres*, Plon, Paris, 2003.

WILSON EO : *L'Unicité du savoir*, Robert Laffont, Paris, 2000.

WOLPERT L : « Positional information and the spatial pattern of cellular differentiation », *J. Theoret Biol.*, 1969, 25 : 1-47.

TABLE

II
Partitions

Épilogue

DES MÊMES AUTEURS
CHEZ ODILE JACOB

Jean-François Peyret et Alain Prochiantz, *La Génisse et le pythagoricien. Traité des formes I*, 2002.

Jean-François Peyret et Jean-Didier Vincent, *Faust. Une histoire naturelle*, 2000.

Alain Prochiantz, *Machine-Esprit*, 2001.

Alain Prochiantz, *Les Anatomies de la pensée*, 1997.

Alain Prochiantz, *La Biologie dans le boudoir*, 1995.

CET OUVRAGE A ÉTÉ COMPOSÉ
ET MIS EN PAGES CHEZ NORD COMPO (VILLENEUVE-D'ASCQ)
ET ACHEVÉ D'IMPRIMER SUR ROTO-PAGE
PAR L'IMPRIMERIE FLOCH À MAYENNE
EN MAI 2005

N° d'impression : 63246.
N° d'édition : 7381-1559-X.
Dépôt légal : juin 2005.